目录

儿童模特的身高

92cm

90cm

82cm

78cm

在此书中所介绍的作品的参考尺寸	80cm尺寸→身高75~85cm
	90cm尺寸→身高85~95cm

麻花图案的帽子和保暖围脖

把外翻的边缘用纽扣固定住的帽子和装饰着小流苏的时尚保暖围脖。
它们是加入了粗链状纹和钻石纹的麻花图案的时尚套装。

1 2 3 4

编织方法
P34

尺寸 ✳ 80~90cm
编织线 ✳ 柔软的羊毛线
设计 ✳ 水原多佳子
制作 ✳ 水原种子

带领背心

它结合了上下针和正、反面交替等简洁的织片，
是一款非常百搭的背心。
前衣领和身片合为一体来编织，所以十分简单。

编织方法
P38

尺寸 ＊ 5…90cm　6…80cm
编织线 ＊ 柔软的羊毛线
设计 ＊ 冈本启子
制作 ＊ 中川好子

连帽披肩

即刻能披上的穿着便利的披肩，兜帽尖端和衣领部装饰着绒球。
戴上兜帽的样子也十分可爱。

编织方法
P42

尺寸 ✻ 7⋯80cm 8⋯90cm
编织线 ✻ 柔软的羊毛线
设计 ✻ Yukiayano

带花护耳帽

在充满活力的护耳帽上装饰着大花朵。
而且垂着 2 条三股辫，令帽子女孩味十足。

编织方法
P44

尺寸 * 80~90cm
编织线 * 柔软的羊毛线
设计 * Sachiyo Fukao

圆翻领的亲子披风

充满亲情的母女同款扭花花样披风。
圆翻领的设计有种微微踮起脚的感觉，
非常时尚。

11

12

编织方法
P46

尺寸 ✲ 11…M码
　　　12…90cm
　　　（也有80cm尺寸的编织方法）
编织线 ✲ 柔软的羊毛线
设计 ✲ 今井昌子
制作 ✲ 宫田伦江

水珠花纹的背心

13

这款是编织了大颗水珠花纹的背心。
因款式简洁，男童、女童都适合穿着。

编织方法
P48

尺寸 ＊ 13…80cm　14…90cm
编织线 ＊ 柔软的羊毛线
设计 ＊ 前芽由美子

15

16

通过把深蓝色和天蓝色交互编织形成滚边。
为了防止弄丢连指手套而装上了饰带，非常适合充
满活力的男孩。

编织方法
P54

尺寸 ＊ 80~90cm
编织线 ＊ 柔软的羊毛线
设计 ＊ 镰田惠美子

带蝴蝶结的
短开衫

突出霓虹色蝴蝶结的短开衫，粉色系的
搭配，洋溢着可爱感的短开衫。
上方装饰了纽扣，所以和连衣裙也异常
相配。

编织方法
P56

尺寸 ＊ 80cm
    （也有90cm尺寸的编织方法）
编织线 柔软的羊毛线，
    小卷Café半霓虹线
设计 今井昌子

带星星图案的
V领背心

略微素雅的米褐色 V 领背心上，用
星星图案作为重点。明朗的黄色十分
抢眼。

18

编织方法
P51

尺寸 * 90cm
　　（也有80cm尺寸的编织方法）
编织线 * 柔软的羊毛线，
　　　　小卷Café半霓虹线
设计 * 武田敦子
制作 * 雨谷崇子

麻花图案的小包

在带有麻花图案和三角形盖子的时尚小包里，
放入爱吃的点心和中意的玩具。
挎上它出门真是件令人心情愉悦的事情。

编织方法
P60

编织线 ✳ 柔软的羊毛线
设计 ✳ 武田敦子

19

20

毛皮和绒球的小包

把白色毛皮的包盖用粉色绒球固定住，
是一款设计可爱的小包。
包身用短针编织制作而成，所以非常结实。

编织方法
P62

编织线 * 柔软的羊毛线
　　　 水貂手感毛皮
设计 * Onoyuuko（ucono）

心形图案的披肩

看起来宛如心形图案的可爱披肩，用有深有浅的紫色编织而成。
通过把装饰在下摆上的编织小球固定住，制造出一种袖口的样子，
可以穿出无袖短上衣的感觉。

编织方法
P63

尺寸 * 21···80cm 22···90cm
编织线 * 柔软的羊毛线,
设计 * Yukiayano

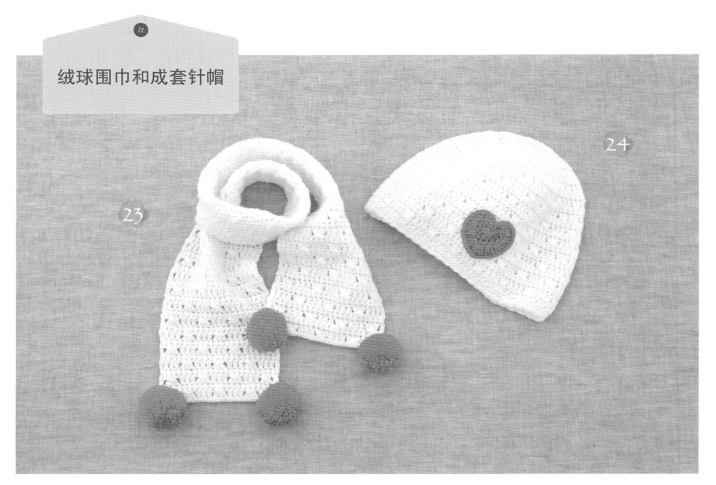

突出霓虹色绒球的围巾和针帽的套装。
针帽上面，图24装饰着心形图案，
图26为星星图案。

编织方法
P66

尺寸 ＊ 80~90cm
编织线 ＊ 柔软的羊毛线、
　　　　小卷Café 半霓虹线
设计 ＊ 前芽由美子

27

28

排列滚边围巾

一边加入十字花样，一边钩边的围巾，
因为十分紧凑，短时间内就能完成，
令人很愉快。粉色格调，非常可爱。

编织方法 P68

尺寸 ∗ 80~90cm
编织线 ∗ 柔软的羊毛线
设计 ∗ 新居糸乃

蝴蝶结发箍

这款是能让简单的发型变得漂亮的发箍，
拥有女孩儿非常喜爱的蝴蝶结设计。
用少量的毛线即刻就能编好。

编织方法
P69

尺寸＊80~90cm
编织线＊柔软的羊毛线
设计＊新居糸乃

插肩袖的卡迪根式
开襟毛衣

用充满童趣的明快绿色和奶油色的毛线，
编织质地漂亮的卡迪根式开襟毛衣。
完成后的感觉十分整齐。

31

26

编织方法
P70

尺寸 ✳ **31**…90cm **32**…80cm
编织线 ✳ 柔软的羊毛线
设计 ✳ 河合真弓
制作 ✳ 羽生明子

看起来像镶边质地的圆筒上衣，其后身
是特别可爱的后开门襟款式。
在胸前装饰上蝴蝶结，让其赏心悦目。

编织方法
P76

尺寸 ✳ 90cm（也有80cm尺寸的编织方法）
编织线 ✳ 柔软的羊毛线
设计 ✳ Onoyuuko（ucono）

33

带领毛线套衫

以白色衣领为重点的半袖毛线套衫。
后面用纽扣固定，编织成漂亮的轮廓。

编织方法
P80

尺寸 ✻ 80cm（也有90cm尺寸的编织方法）
编织线 ✻ 柔软的羊毛线
设计 ✻ 镰田惠美子
制作 ✻ 饭塚静代

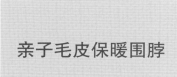

亲子毛皮保暖围脖

用手感超棒的毛皮绳编织的保暖围脖，能和妈妈一起共用哦！
是非常适合外出的时髦款式。

编织方法
P83

尺寸 ✳ 尺寸自由有伸缩性
编织线 ✳ 水貂手感毛皮
设计 ✳ Sachiyo✳Fukao

柔软的羊毛线

丙烯60%　羊毛（羔羊羊毛）40%
30g（103m）　色数30色
棒针4~6号　钩针5/0~6/0号

小卷Café 半霓虹线

丙烯100%
5g（20m）　色数6色
棒针3~4号　钩针4/0~5/0号

水貂手感毛皮

本白色…丙烯系列（变性聚丙烯）60%
丙烯35%　聚酯5%
深棕色·黑色…丙烯系列（变性聚丙烯）95%
聚酯5%　15m　色数3色
棒针9~10mm　钩针8~10mm

开始编织之前

●看绘图的方法

两种尺寸的图示

上行=80cm尺寸
下行=90cm尺寸
一个图示表示**80cm**、90cm相同

肩部的针移向防脱别针，留针。

与指定标准针数的尺寸相对应的针数。

领口的减针
每2行1次减2针，直着编2行。

6c（15针） 12c（29针） **6c（15针）**
7c（17针） 1c（4行） 7c（17针）

25针伏

2行平
2-2-1减

在领口中央伏针收25针。

13c
（42行）
14c
（44行）

用6号针进行花样编织。

袖隆的减针
每2行3针减1次
每2行2针减1次
每2行1针减3次
每4行1针减1次
一边减针一边编织

4-1-1
2-1-3
2-2-1 减
2-3-1
行针次

17.5c
（56行）
18.5c
（60行）

这是与指定标准针数的尺寸相对应的针数

后身片
花样编织
6号针

简称

c=cm
起=起针
增=增针
减=减针
伏=伏针收针
留=留针
平=不增不减继续编织

○**行×针△位置◎次**
=○每行
×针
△位置
◎次

起针**77针**、81针。

31c（起77针）
33c（起81针）

指示编织方向的箭头
从下摆向肩部方向编织。

●往返编织和环形编织

往返编织

钩针编织没有正面和反面的区别（拉针除外），它是每1行交替地看着织片的正面和反面进行编织的方法。

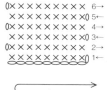

按照箭头的方向，看着织片的正面和反面，1行交替1次进行编织（箭头指向左边时请看着左侧，箭头指向右边时请看着右侧进行编织）。

编织开头

环形编织

看着织物的正面，每行都按相同方向进行编织的方法。

●从中心开始编织的情况

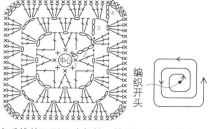
编织开头

在毛线的环形开头起针，按照从中心向外部的方向进行编织。没有特别指定时，要经常看着织物的正面，逆时针进行编织。

●编成筒状的情况

编织方向
编织开头

用锁针起针，每编完1行，就在那行的最开始的一针用引拔针连成环状。

往返编织

用2根棒针从织片的一端向另一端编织，交替地看着织片的正面和反面，1行交替1次进行编织。

正面
反面

编织方法图

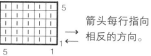

箭头每行指向相反的方向。

※在钩针钩织中也叫做两面编织。

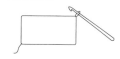

环形编织

把编织针分摊到4根棒针中的3根上，看着织物的正面，用剩余的1根棒针一圈圈地编成筒状。用环形针也按照同样方法进行编织。

里面
正面

编织方法图

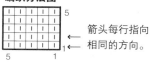

箭头每行指向相同的方向。

※在钩针钩织中也叫做一面编织。

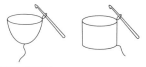

 图 P2　**麻花图案的帽子和保暖围脖**

✱ 材料 ✱　混纺手编毛线　柔软的羊毛线（粗线）

1 本白色（2）40g

2 本白色（2）30g

3 柔和橄榄绿（17）40g

4 柔和橄榄绿（17）30g

✱ 工具 ✱　4根5号棒针（只用在帽子上）、2根棒针　5/0号钩针

✱ 附属品 ✱　帽子　保暖围脖　直径1.8cm的纽扣各2个

✱ 完成后尺寸 ✱

帽子42cm　纵深19cm

保暖围脖头围　纵高11cm　下摆周长19cm

✱ 标准织片（10cm方形）**✱**

花样钩织A　26针　32行

花样钩织B　23针　37行

✱ 编织要点 ✱　请用一股线编织。

帽子　◎用之后可拆开的起针方法开始编织，编织圆环，从帽口开始按照花样钩织A进行编织。请参照图纸用分散减针法编织。最顶端用剩余的毛线收紧固定。

◎把起针的锁针拆开后挑针，用平针编织法编织双罗纹针，把正面和里面的针合并后伏针收针。

◎参照图纸装饰上纽扣。

保暖围脖　◎用一般起针法开始编织，用上下针编织和花样钩织A、B进行编织。

◎在里面编织纽扣圈，在正面装饰上纽扣。

◎装饰上流苏。

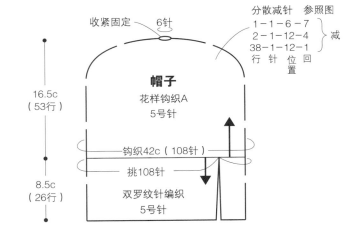

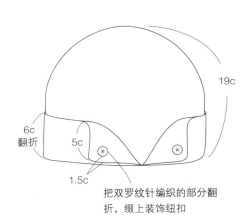

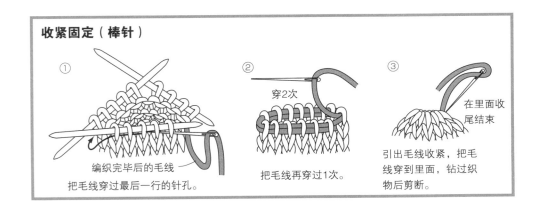

帽子的编织方法图

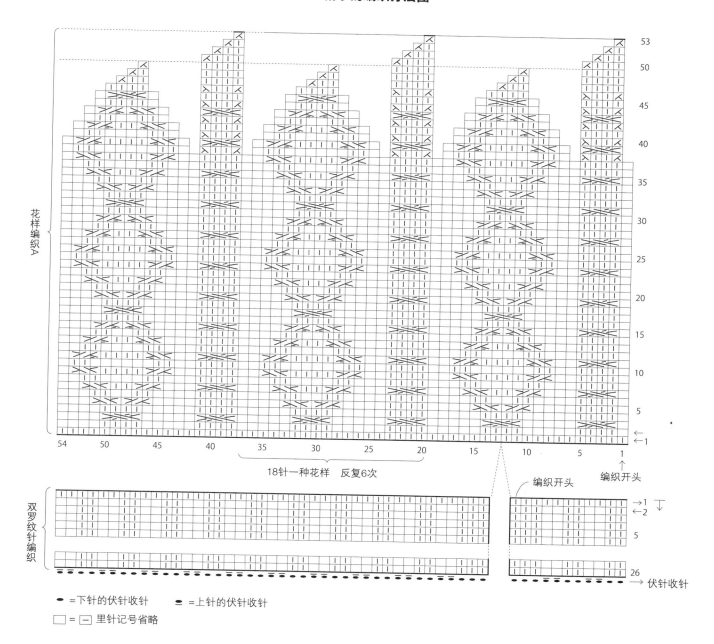

花样编织A

18针一种花样　反复6次

双罗纹针编织

编织开头

编织开头

伏针收针

● =下针的伏针收针　　● =上针的伏针收针

□ = □ =里针记号省略

★下页继续

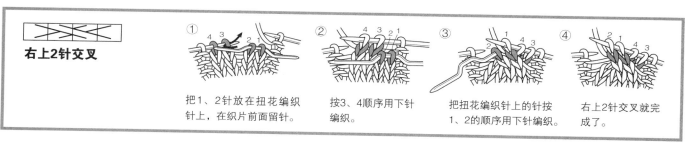

右上2针交叉

① 把1、2针放在扭花编织
针上，在织片前面留针。

② 按3、4顺序用下针
编织。

③ 把扭花编织针上的针按
1、2的顺序用下针编织。

④ 右上2针交叉就完
成了。

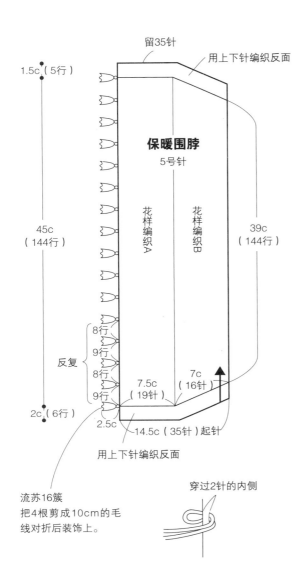

留35针

用上下针编织反面

1.5c（5行）

保暖围脖

5号针

45c
（144行）

花样编织A

花样编织B

39c
（144行）

反复

8行
9行
8行
9行

7.5c
（19针）

7c
（16针）

2c（6行）

2.5c

14.5c（35针）起针

用上下针编织反面

流苏16簇
把4根剪成10cm的毛
线对折后装饰上。

穿过2针的内侧

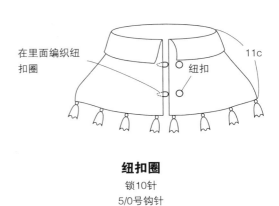

在里面编织纽
扣圈

纽扣

11c

纽扣圈

锁10针
5/0号钩针

在保暖围脖纽扣圈的编织
安装位置上引拔抽出。

流苏拼接方法

① 正面

② ③

缝纽扣的方法

用与织片相同的毛线和缝纫用线缝
纽扣。与织片相同的毛线是粗线
时，如图所示把毛线分开，重新搓
线后，使用起来会更方便。

使用 粗线分开后 与织片相同的毛线

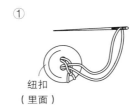

① 纽扣
（里面）

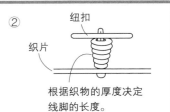

② 纽扣

织片

根据织物的厚度决定
线脚的长度。

花样编织A·B 保暖围脖编织方法图

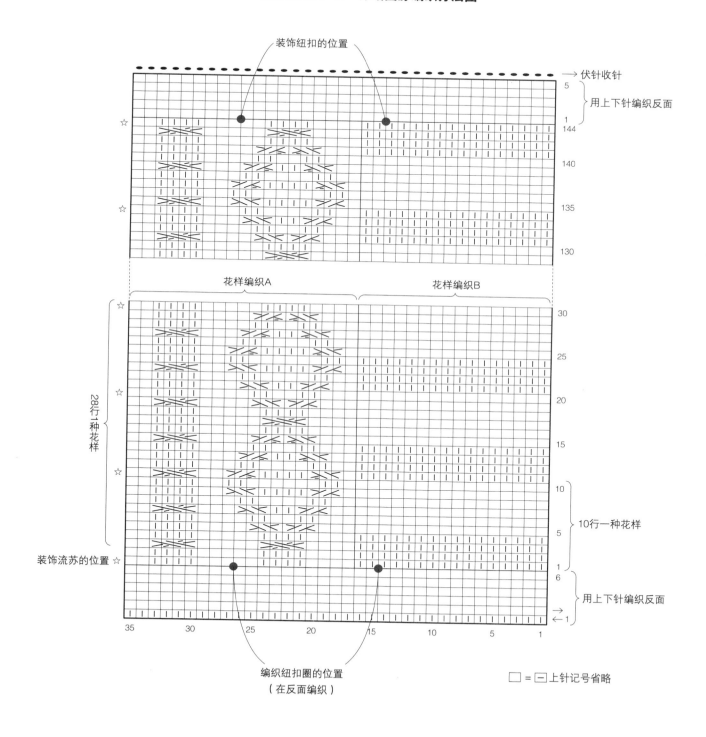

装饰纽扣的位置

→ 伏针收针

用上下针编织反面

花样编织A

花样编织B

28行1种花样

10行一种花样

装饰流苏的位置 ☆

编织纽扣圈的位置
（在反面编织）

□ = ─ 上针记号省略

用上下针编织反面

 图 P4、5 **带领背心**

✱ 材料 ✱ 混纺手编毛线 柔软的羊毛线（粗线）
5 90cm尺寸＝橄榄绿（27）85g
6 80cm尺寸＝浅褐色（8）70g
✱ 工具 ✱ 4根5号棒针、2根棒针
✱ 附属品 ✱ 直径1.8cm的纽扣各1个
✱ 完成后尺寸 ✱
5 90cm尺寸＝衣长34cm 胸围66cm 肩宽24cm
6 80cm尺寸＝衣长30cm 胸围56cm 肩宽21cm
✱ 标准织片（10cm方形）✱
正、反面交替编织 22针 38行
上下针编织 22针 31行

✱ 编织要点 ✱ 请用一股线编织。
◎前、后身片用一般起针法开始编织，正面、反面交替编织，用上下针进行花样编织。
◎参照图纸一边改为平针织法一边编织前领。在后领口处挑针，用平针织法编织后领，伏针收针。
◎把下前领的编织开头往里卷起，缝上。
◎肩部盖针订缝，腋下挑针接缝，连接后领和前领的针脚和行间。
◎袖隆，用平针织法编织圆环，伏针收针。
◎用拆分开的毛线制作扣眼，安上纽扣。

后身片

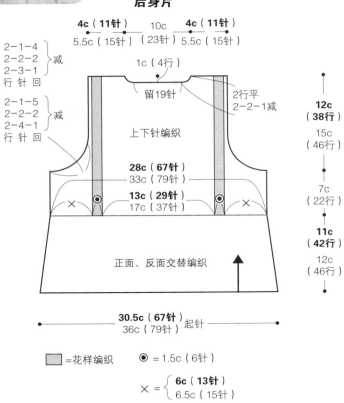

□ =花样编织 　 ◉ = 1.5c（6针）

× = { 6c（13针）
　　　6.5c（15针）

前身片

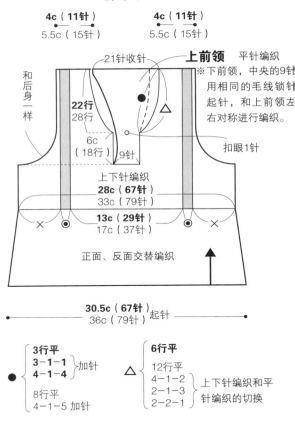

※左前是90cm（男童），右前是80cm（女童）

● = { 3行平
　　　3-1-1
　　　4-1-4 } 加针
　　　8行平
　　　4-1-5 加针

△ = { 6行平
　　　12行平
　　　4-1-2
　　　2-1-3
　　　2-2-1 } 上下针编织和平针编织的切换

上行=80cm尺寸
下行=90cm尺寸
一个图示表示**80cm**、90cm相同

90cm 前身片的编织方法图

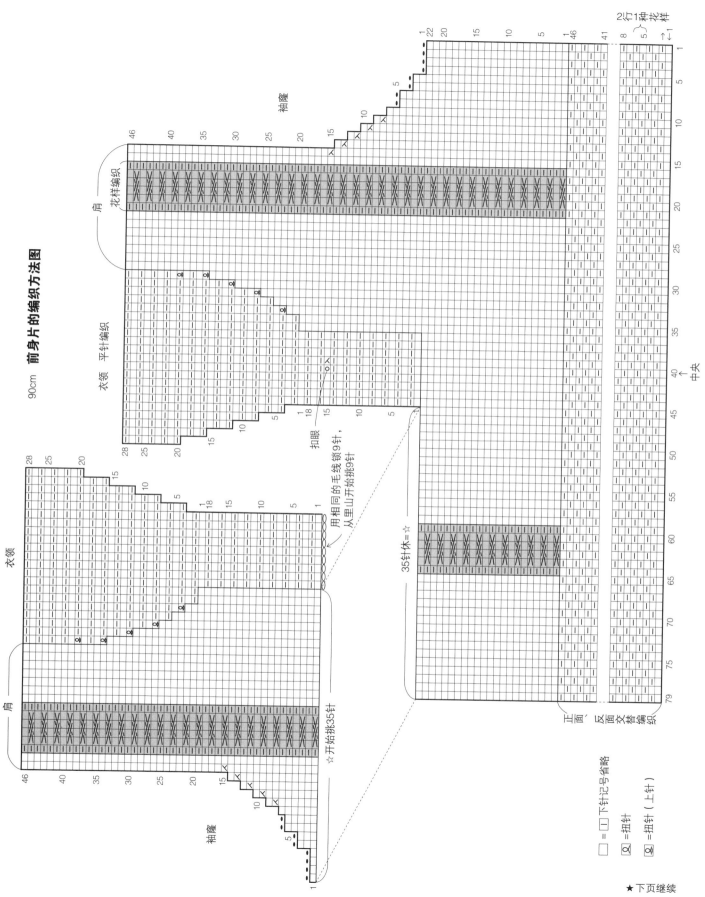

袖窿

肩

花样编织

衣领

平针编织

扣眼

用相同的毛线锁9针，
从里山开始挑9针

35针休＝☆

正面、反面交替编织

衣领

肩

☆开始挑35针

袖窿

2行1种花样

中央

□＝□下针记号省略

回＝扭针

⊠＝扭针（上针）

★下页继续

39

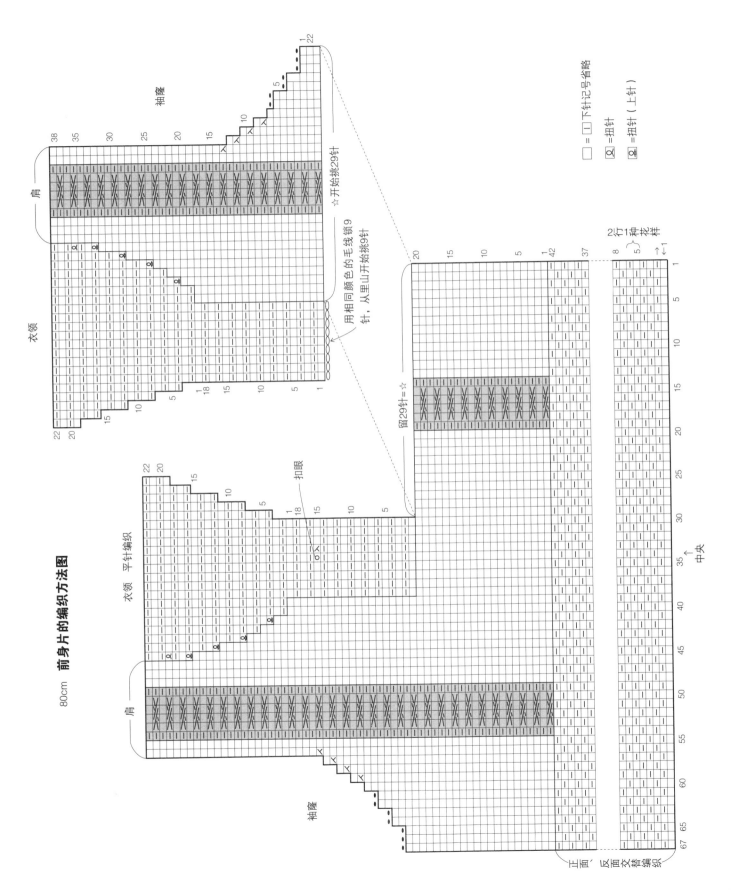

前身片的编织方法图

80cm

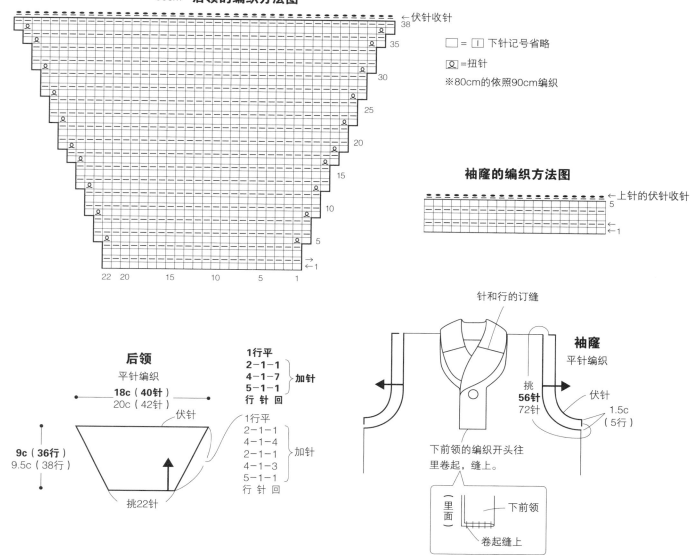

90cm **后领的编织方法图**

←伏针收针
38

35

30

25

20

15

10

5

→1

22 20　　15　　　10　　　5　　1

□ = [I] 下针记号省略

[Q] =扭针

※80cm的依照90cm编织

袖窿的编织方法图

←上针的伏针收针
5

←1

后领

平针编织

18c（40针）
20c（42针）

9c（36行）
9.5c（38行）

伏针

挑22针

1行平
2-1-1
4-1-7　加针
5-1-1
行 针 回

1行平
2-1-1
4-1-4
2-1-1　加针
4-1-3
5-1-1
行 针 回

针和行的订缝

袖窿
平针编织

挑
56针
72针

伏针

1.5c
（5行）

下前领的编织开头往
里卷起，缝上。

（里面）　下前领

卷起缝上

针脚和行间的订缝

把相当于缝合尺寸3倍的毛线切下，慢慢地解下，使解开的针为下针。

最后一行用伏针收针，也同样用针穿过最后一行。

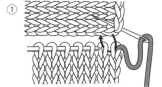

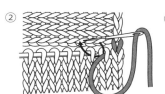

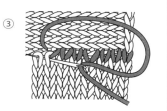

纽扣圈的钩织方法

拆分开的毛线

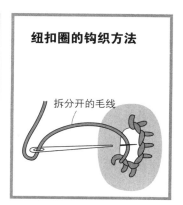

 图 P6、7 **连帽披肩**

✱ **材料** ✱　混纺手编毛线　柔软的羊毛线（粗线）

7　80cm=灰蓝色（32）160g

8　90cm=灰粉色（31）190g

✱ **工具** ✱　6/0号钩针

✱ **完成后尺寸** ✱

7　80cm=衣长24cm　下摆104cm

8　90cm=衣长28cm　下摆111cm

✱ **标准织片（10cm方形）** ✱

花样钩织A、B　18针　9行

✱ **编织要点** ✱　请用一股线编织。

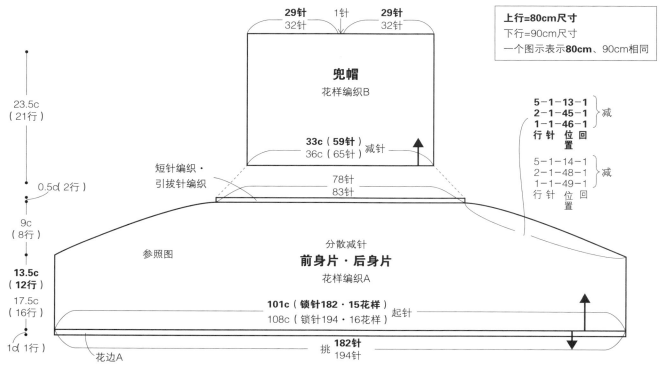

29针 1针 **29针**
32针　　32针

上行=80cm尺寸
下行=90cm尺寸
一个图示表示80cm、90cm相同

兜帽
花样编织B

23.5c（21行）

0.5c（2行）

9c（8行）

13.5c（12行）

17.5c（16行）

1c（1行）

33c（59针）
36c（65针）　减针

短针编织・引拔针编织

78针
83针

5-1-13-1
2-1-45-1
1-1-46-1　减
行针位回置

5-1-14-1
2-1-48-1　减
1-1-49-1
行针位回置

参照图

分散减针
前身片・后身片
花样编织A

101c（锁针182・15花样）
108c（锁针194・16花样）　起针

挑 **182针**
194针

花边A

◎前、后身片用锁针起针法开始编织，用花样编织A、短针编织、引拔针编织法，并参照图纸一边分散减针一边进行编织。

◎兜帽，从前、后身片处继续用花样编织B进行编织。用卷针订缝兜帽。

◎下摆编织花边A；前襟、兜帽帽围继续编织花边B。

◎用短针钩织固定扣子的绳圈，安在门襟的反面，制作2个绒球，固定在顶部和门襟部。

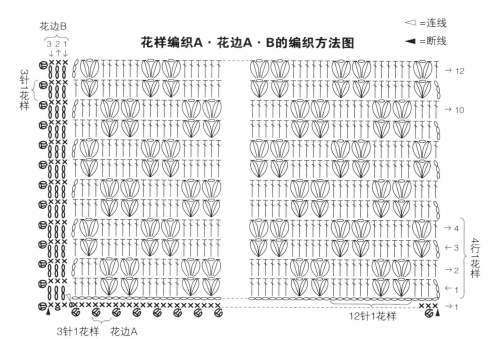

花边B

◁ =连线
◀ =断线

花样编织A・花边A・B的编织方法图

3针1花样

→12
→10
→4
←3
→2
←1
→1

4行花样

12针1花样

3针1花样　花边A

42

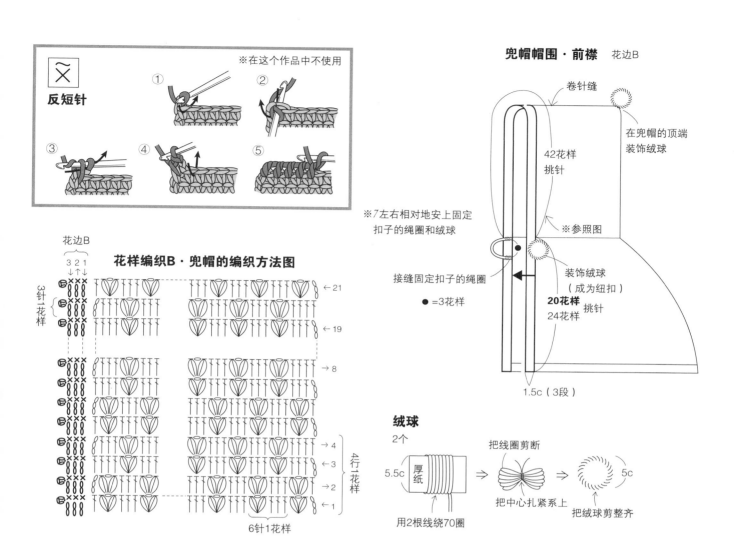

反短针

※在这个作品中不使用

① ② ③ ④ ⑤

兜帽帽围・前襟 花边B

卷针缝

在兜帽的顶端装饰绒球

42花样挑针

※参照图

※7左右相对地安上固定扣子的绳圈和绒球

● =3花样

接缝固定扣子的绳圈

装饰绒球（成为纽扣）

20花样 挑针

24花样挑针

1.5c（3段）

花边B

3 2 1

3针1花样

花样编织B・兜帽的编织方法图

←21

←19

→8

4行1花样

→4

→3

→2

←1

6针1花样

绒球

2个

5.5c 厚纸

用2根线绕70圈

把线圈剪断

把中心扎紧系上

把绒球剪整齐

5c

纽扣圈 短针编织 1根

←1

9c（锁20针）起针

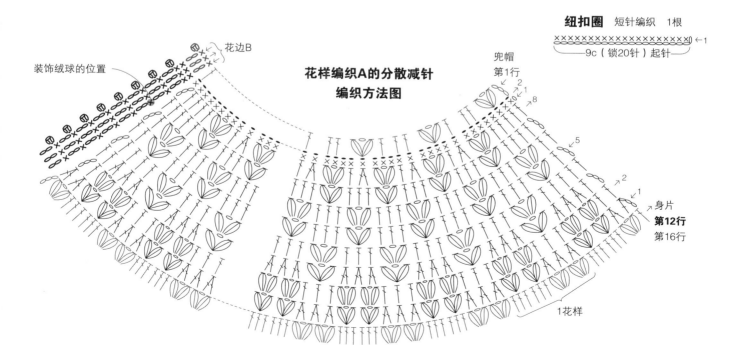

装饰绒球的位置

花边B

花样编织A的分散减针编织方法图

兜帽

第1行

→1 →2

→8

→5

→2

→1

身片

第12行

第16行

1花样

 图 P8 **带花护耳帽**

✳ 材料 ✳ 混纺手编毛线 柔软的羊毛线（粗线）

9 茶色（14）60g 本白色（2）5g

10 深橘色（26）60g 本白色（2）5g

✳ 工具 ✳ 6/0号钩针

✳ 完成后尺寸 ✳
头围47cm 纵深17cm

✳ 针数（10cm方形）**✳**
花样钩织 22.5针 11.5行

✳ 编织要点 ✳ 请用一股线编织。

◎ 在锁针的针眼处钩织，用花样编织法编织圆环。请参照图纸用分散减针法编织帽子最顶端。最后一针收紧固定。

◎ 请从图纸所示的位置开始挑针，用花样钩织法编织护耳。

◎ 在护耳的前边，用三股辫编织法编成吊辫。

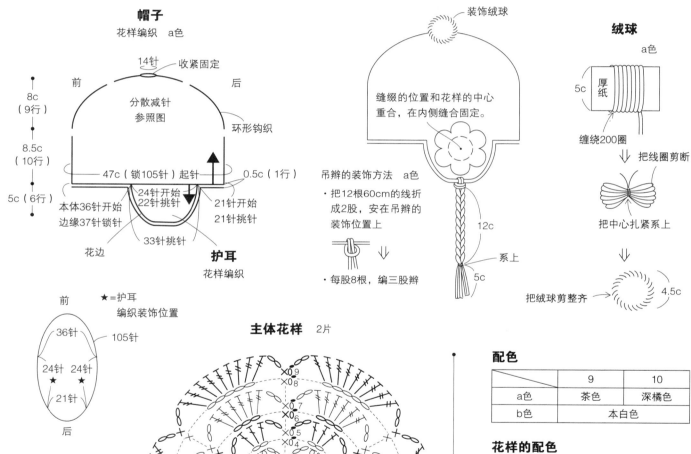

帽子
花样编织 a色

14针 —— 收紧固定
前 后
8c（9行）
分散减针 参照图
8.5c（10行）
5c（6行）
47c（锁105针）起针
0.5c（1行）
环形钩织
24针开始 22针挑针
21针开始 21针挑针
本体36针开始 边缘37针锁针
33针挑针
花边
护耳 花样编织

前
★=护耳 编织装饰位置
36针
105针
24针 24针 ★
21针
后

装饰绒球

缝缀的位置和花样的中心重合，在内侧缝合固定。

吊辫的装饰方法 a色
· 把12根60cm的线折成2股，安在吊辫的装饰位置上
· 每股8根，编三股辫

12c
系上
5c

绒球 a色

5c 厚纸
缠绕200圈
把线圈剪断
把中心扎紧系上
把绒球剪整齐 4.5c

主体花样 2片

×09
×08
×07
×06
×05
×04
×03
×02
×01
中心

8c

配色

	9	10
a色	茶色	深橘色
b色	本白色	

花样的配色

9行	b色
7·8行	a色
5·6行	b色
2~4行	a色
1行	b色

第4行的短针编织，是把第3行的花瓣倒向面前、挑第2行的短针编织而成。

第6·第8也同样是把前一行的花瓣倒向面前编织而成。

◎花样，是用环形针如图所示编9段。在左、右护耳处停针。

◎制作绒球，固定在最顶端。

帽子的编织方法图
花样编织·分散减针

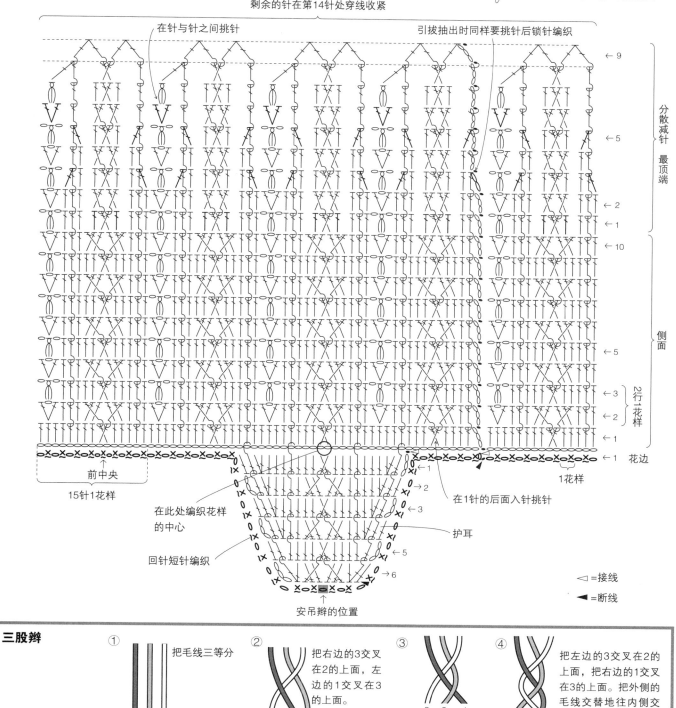

=把开始的锁针收成一束
从开始的锁针第3针处引拔抽出

剩余的针在第14针处穿线收紧

在针与针之间挑针

引拔抽出时同样要挑针后锁针编织

←9

分散减针 最顶端

←5

←2
←1

←10

侧面

←5

2行1花样

←3
2
←1

花边

前中央

15针1花样

在此处编织花样的中心

回针短针编织

护耳

在1针的后面入针挑针

1花样

安吊瓣的位置

◁ =接线

◀ =断线

三股辫

① 把毛线三等分
1 2 3

② 把右边的3交叉在2的上面，左边的1交叉在3的上面。
3 1 2

③ 把右边的2交叉在1的上面。
3 2 1

④ 把左边的3交叉在2的上面，把右边的1交叉在3的上面。把外侧的毛线交替地往内侧交叉进行编织。
2 1 3

 11 ～ 12 图 P10

圆翻领的亲子披风

✱ 材料 ✱ 混纺手编毛线 柔软的羊毛线（粗线）

11 妈妈的尺寸=摩卡咖啡茶色（25）200g

12 80cm=本白色（2）100g

　　90cm=本白色（2）110g

✱ 工具 ✱ 8号、6号、5号、4号4根棒针

✱ 完成后尺寸 ✱

11 妈妈的尺寸 长度35cm 下摆围121cm

12 80cm 长度27cm 下摆围90.5cm

　　90cm 长度28.5cm 下摆围90.5cm

✱ 针数（10cm方形）**✱**

花样编织 26.5针 32行

✱ 编织要点 ✱ 请用一股线编织。

◎前、后身片用一般起针法开始编织，衣领用双罗纹针编织，一边调整针数一边编织圆环。

◎继续，身片用花样编织，一边分散增针一边编织圆环，下摆用双罗纹针编织，伏针收针。

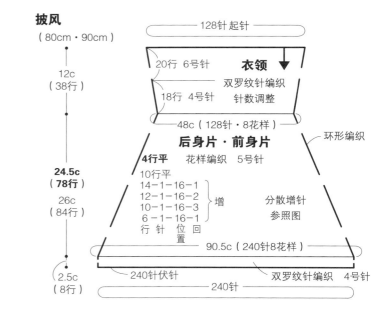

披风

（80cm・90cm）

12c
（38行）

24.5c
（78行）

26c
（84行）

2.5c
（8行）

128针起针

20行 6号针　　衣领 ▼

　　　　　　双罗纹针编织

18行 4号针　　针数调整

48c（128针・8花样）　　环形编织

后身片・前身片

4行平　花样编织 5号针

10行平

14-1-16-1
12-1-16-2 增
10-1-16-3
6-1-16-1

行 针 位 回
　　　置

分散增针
参照图

90.5c（240针8花样）

240针伏针　　双罗纹针编织 4号针

240针

上行=80cm尺寸

下行=90cm尺寸

一个图示表示**80cm**、90cm相同

双罗纹针编织

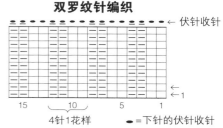

← 伏针收针

← 1

15　　10　　5　　1

4针1花样

■ =下针的伏针收针

■ =上针的伏针收针

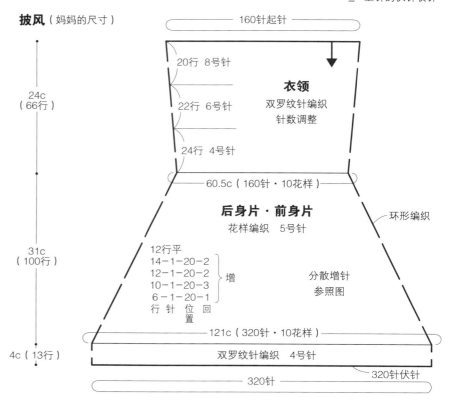

披风（妈妈的尺寸）

24c
（66行）

31c
（100行）

4c（13行）

160针起针

20行 8号针　　　▼

22行 6号针　　**衣领**
　　　　　　双罗纹针编织
　　　　　　针数调整

24行 4号针

60.5c（160针・10花样）　　环形编织

后身片・前身片

花样编织 5号针

12行平

14-1-20-2
12-1-20-2 增
10-1-20-3
6-1-20-1

行 针 位 回
　　　置

分散增针
参照图

121c（320针・10花样）

双罗纹针编织 4号针

320针　　320针伏针

披风的编织方法图

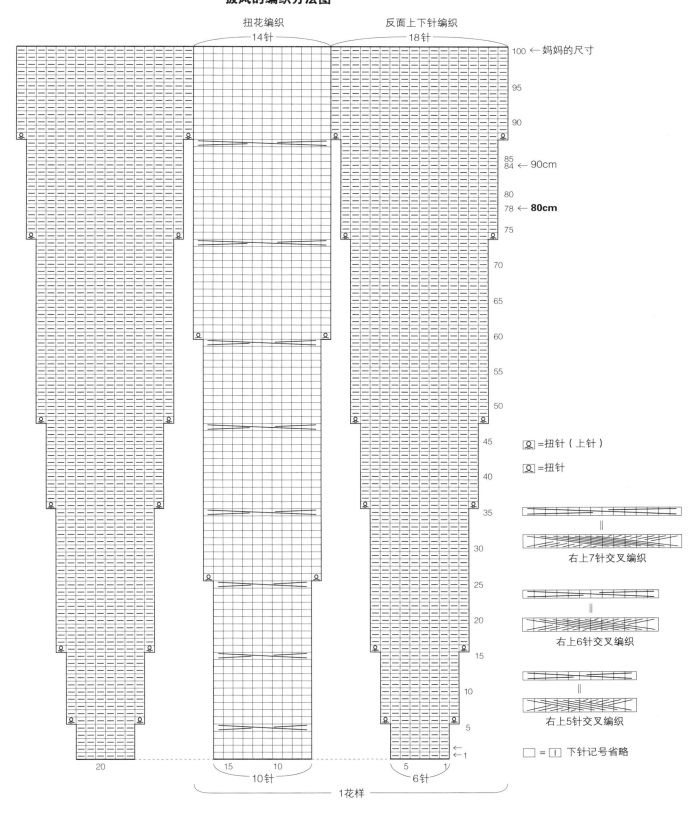

扭花编织
—14针—

反面上下针编织
—18针—

100 ← 妈妈的尺寸

95

90

85
84 ← 90cm

80
78 ← **80cm**

75

70

65

60

55

50

45

40

35

30

25

20

15

10

5

← 1

20

15 10

10针

5 1

6针

1花样

[Ⓡ]=扭针（上针）

[Ⓡ]=扭针

右上7针交叉编织

右上6针交叉编织

右上5针交叉编织

□ = [Ⅰ] 下针记号省略

47

 图 P12　**水珠花纹的背心**

✱ **材料** ✱　混纺手编毛线　柔软的羊毛线（粗线）

13　80cm＝蓝色（28）60g　本白色（2）　15g

14　90cm＝深茶色（24）70g　浅褐色（8）20g

✱ **工具** ✱　5号、4号2根棒针　4号4根棒针

✱ **完成后尺寸** ✱

13　80cm　衣长32.5cm　胸围59cm　肩宽21.5cm

14　90cm　衣长34.5cm　胸围65cm　肩宽22.5cm

✱ **针数**（10cm方形）✱

嵌入花样　25针　31.5行

✱ **编织要点** ✱　请用一股线编织。

◎前、后身片用一般起针法开始编织，用花样编织和嵌入花样进行编织。

◎肩膀用盖针订缝，腋窝用挑针接缝。

◎衣领和袖窿，用花样钩织编织圆环，伏针收针。

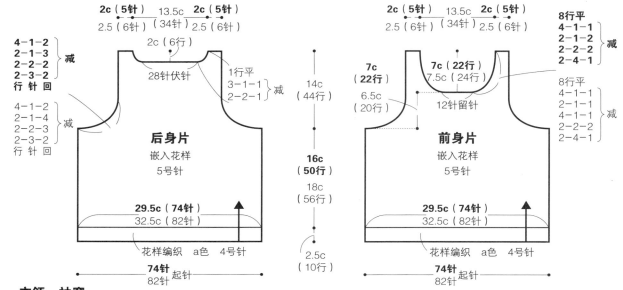

衣领·袖窿

花样编织　a色　4号针

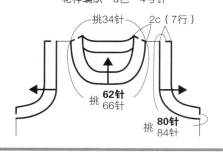

衣领·袖窿的编织方法图

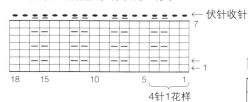

上行＝80cm尺寸
下行＝90cm尺寸
一个图示表示**80cm**、90cm相同

配色

	13	14
a色	蓝色	深茶
b色	本白色	浅褐色

嵌入花样

（反面渡线的方法）

按照编织方法图一边换线一边编织。编织每一行第一针的时候，把嵌入的配色线绕在底线的里侧进行编织。仔细地编织以防渡线变松或吊起。

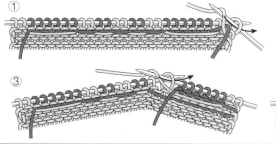

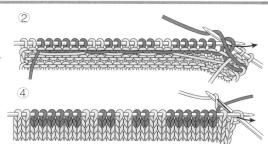

80cm 嵌入花样·身片的编织方法图

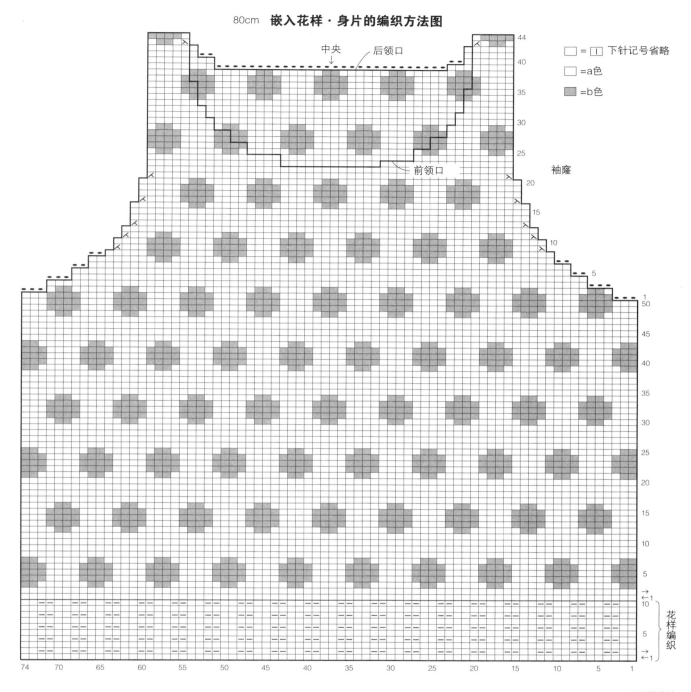

中央　后领口

前领口

袖窿

□ = 下针记号省略
□ =a色
■ =b色

花样编织

★下页继续

※里面的渡线变长时的情况

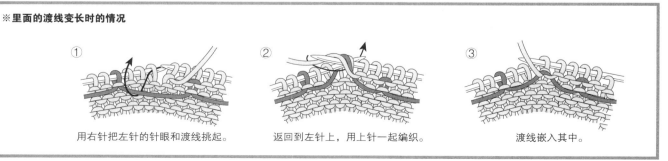

① 用右针把左针的针眼和渡线挑起。

② 返回到左针上，用上针一起编织。

③ 渡线嵌入其中。

90cm　嵌入花样·身片的编织方法图

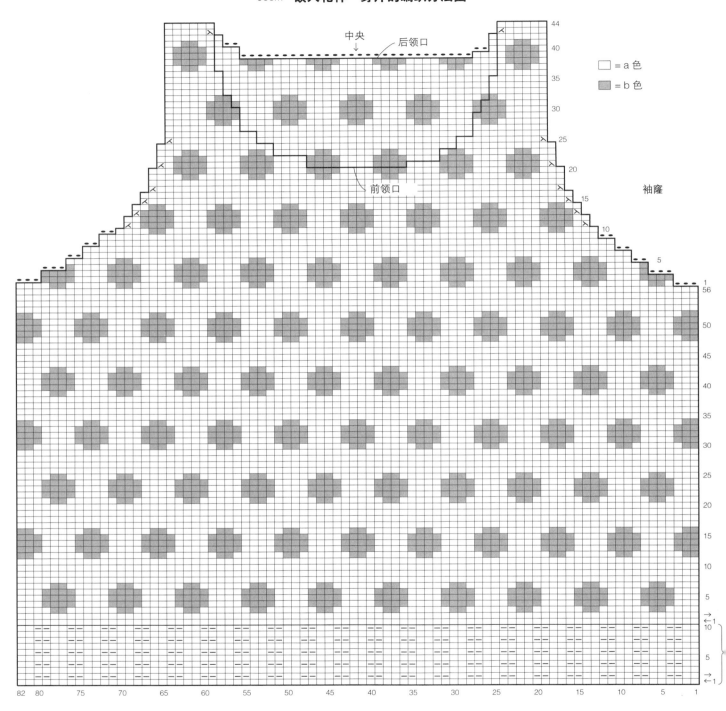

□ = a 色

▨ = b 色

中央

后领口

前领口

袖隆

□ = Ⅰ 下针记号省略

18 图 P17 带星星图案的 V 领背心

✳ 材料 ✳ 混纺手编毛线 柔软的羊毛线（粗线）
80cm=摩卡咖啡茶色（25）85g
90cm=摩卡咖啡茶色（25）90g
混纺手编毛线 小卷Café 半霓虹线（粗线）
80cm·90cm=黄色（202）各1g

✳ 工具 ✳ 5号、3号2根棒针 3号4根棒针
3/0号钩针

✳ 完成后尺寸 ✳
80cm=衣长35.5cm 胸围62cm 肩宽22cm
90cm=衣长37.5cm 胸围67cm 肩宽24cm

✳ 针数（10cm方形）✳
花样编织 25针 35行

✳ 编织要点 ✳ 请用一股线编织。
◎前、后身片用之后可解开的起针方法开始编织，并用花样织法进行编织。下摆是把针眼解开，挑针，进行单罗纹针编织，用单罗纹针编织收针。
◎肩膀用盖针订缝，腋窝用挑针接缝。
◎衣领和袖窿，用平针钩织编织圆环，伏针收针。
◎主体花样是用环形起针如图编织3行。装饰在指定的位置。

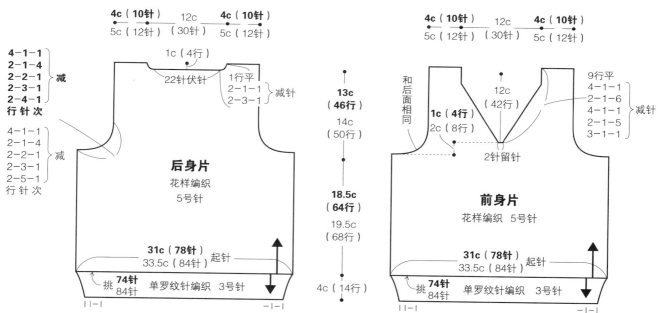

衣领·袖窿
平针编织 3号针

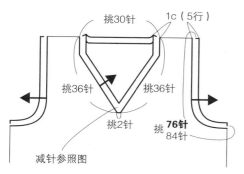

上行=80cm尺寸
下行=90cm尺寸
一个图示表示80cm、90cm相同

星星图案的装饰位置

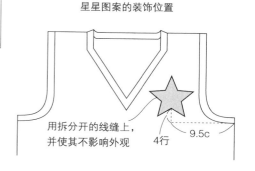

用拆分开的线缝上，并使其不影响外观

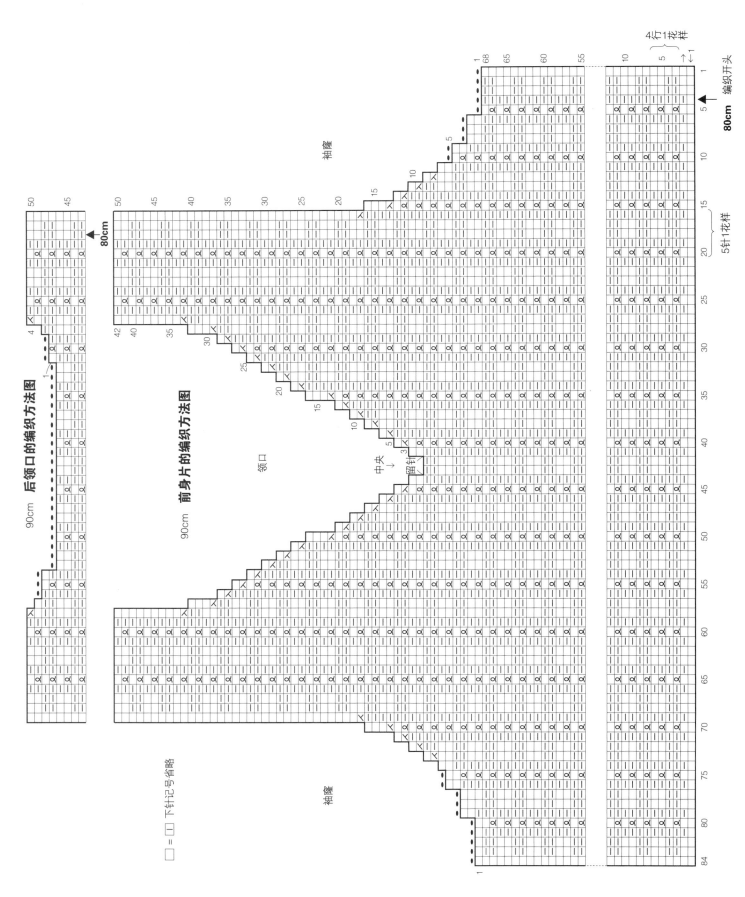

后领口的编织方法图

前身片的编织方法图

□ = 〔|〕下针记号省略

52

前领顶端的编织方法图

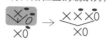

2针并1针伏针收针

← 上针的伏针收针
←5

←1

36针　　2针　　36针

◄ =断线

 =短针1针分3针

2行开始位置的编织方法

下摆的单罗纹针的编织方法图

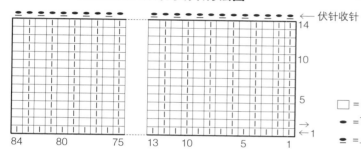

← 伏针收针
14

10

5

←1

84　　80　　75　　13　　10　　5　　1

□ = ⊡ 上针记号省略
● = 下针的伏针收针
⊟ = 上针的伏针收针

星星图案

1片　3/0号钩针
黄色

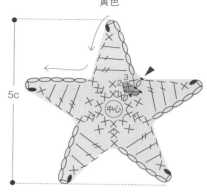

5c

拆分线的制作方法

把粗线分开后使用

同颜色相的线

单罗纹针收针

收针时在毛线长度3~3.5倍的地方将线剪断，穿过缝针。

① 　② ③

④ ⑤ ⑥

重复③~④。

挑针接缝

下针1针挑每一行的内侧。

①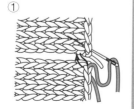

② ③

盖针订缝

①

把2片织片的正面相对合拢重叠，在面前的针眼插针，引拔抽出对面的针眼，解开面前的针眼，只把对面的针留在右针上。编织全针。

② 盖针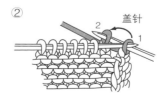

把全针返回到左针上。编织边上2针，把针眼1盖在针眼2上。

③ 盖针

下面也是每次盖1针编织。

 图 P14 **滚边针帽和连指手套**

✷ 材料 ✷ 混纺手编毛线 柔软的羊毛线（粗线）

15 天蓝色（10）25g 深蓝色（28）15g

16 天蓝色（10）20g 深蓝色（28）5g

✷ 工具 ✷ 5/0号钩针

✷ 完成后尺寸 ✷

针帽 头围45cm 纵深19cm

连指手套 手掌周长14cm 长度13cm

✷ 针数（10cm方形）✷

长针编织 24针 11行

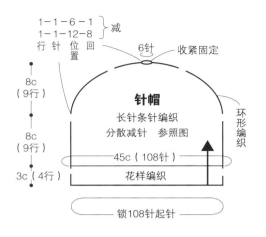

针帽的编织方法图

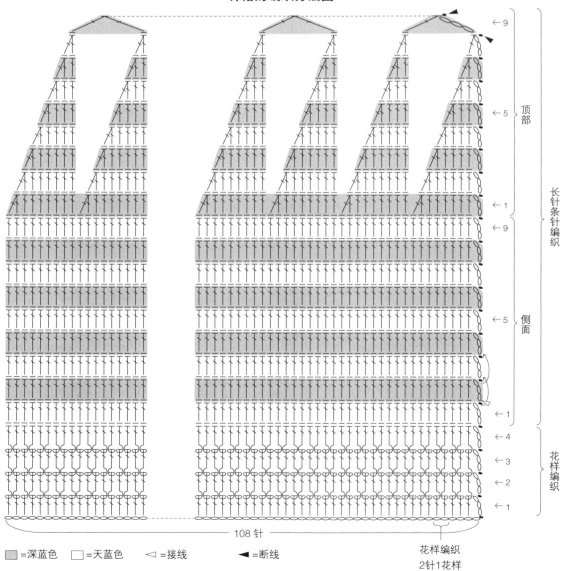

108针

□=深蓝色 □=天蓝色 ◁=接线 ◀=断线

花样编织
2针1花样

54

✱**编织要点** ✱　请用一股线编织。

针帽 ◎用锁针的起针方法开始编织，用花样编织和长针条针编织，从帽口编织圆环。

◎顶部参照图纸用分散减针编织。把剩余的针进行收紧固定。

连指手套 ◎用锁针的起针方法开始编织，用花样编织和长针条针编织圆环。

◎大拇指的位置用锁针编织。

◎指尖参照图纸进行减针。把正面合拢，进行半针卷针订缝。

◎大拇指按照图示，从拇指的位置开始挑针，用长针条针编织圆环，进行收紧固定。

◎带子锁缝在里侧。

收紧固定

① 把编织完毕后的线头从最后一行穿过2次。

② 拉紧线，线头穿到反面，藏在织片中，剪断。

连指手套（右手）
长针条针编织

1针　7针　2针　7针　1针

手掌　**手背**

锁5针

10c（11行）

环形编织

14c（34针）

（3行）

17针　17针

3c（4行）

花样编织

锁34针起针

※左手和右手左右对称编织

拇指
长针条针编织

4针　收紧固定

环形编织

3.5c（4行）

5c（挑12针）

拇指　天蓝色

←4

←1

锁针的半针挑针

挑针位置

编织开头

◁=接线

◀=断线

连指手套的编织方法图

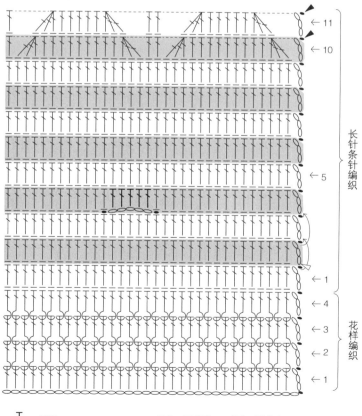

←11
←10
←5
←1
长针条针编织

←4
←3
←2
←1
花样编织

T=长针　　▨=深蓝色　　□=天蓝色

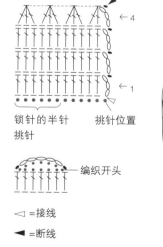

半针的卷针订缝

2.5c

在里侧锁缝

带子

引拔编织符号　天蓝色

100c（锁220针）

 图 P16 **带蝴蝶结的短开衫**

✱ **材料** ✱　混纺手编毛线　柔软的羊毛线（粗线）

80cm=粉色（19）105g

90cm=粉色（19）115g

混纺手编毛线　小卷Café 半霓虹线（粗线）

80cm、90cm=粉色（205）各2g

✱ **工具** ✱　4/0号钩针

✱ **附属品** ✱　直径1.3cm的纽扣各3个

✱ **完成后尺寸** ✱

80cm=衣长27cm　胸围55cm　肩宽20cm　袖长19cm

90cm=衣长29cm　胸围60cm　肩宽22.5cm　袖长22cm

✱ **针数** （10cm方形）✱

花样编织A　27针　10行

✱ **编织要点** ✱　请用一股线编织。

◎前后身片、袖子用锁针起针的方法开始编织，用花样编织A进行编织。

◎肩膀用"锁针编织和短针编织订缝"、腋窝、袖子下部用"锁针编织和短针编织接缝"。

◎下摆、前襟和衣领，都用花边进行编织。

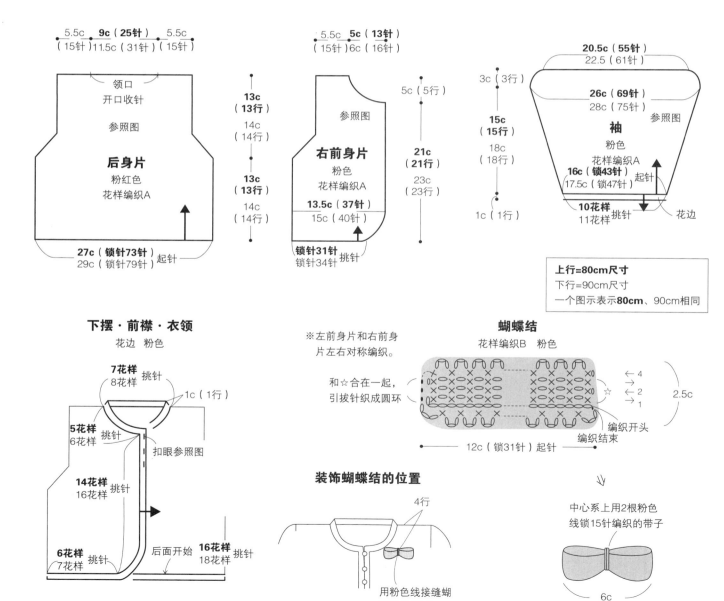

后身片
粉红色
花样编织A

领口　开口收针　参照图

5.5c（15针）　9c（25针）11.5c（31针）　5.5c（15针）

13c（13行）　14c（14行）

13c（13行）　14c（14行）

27c（锁针73针）起针
29c（锁针79针）起针

右前身片
粉色
花样编织A

5.5c（15针）　5c（13针）6c（16针）

5c（5行）

13c（13行）14c（14行）

21c（21行）23c（23行）

13.5c（37针）
15c（40针）

锁针31针
锁针34针　挑针

袖
粉色
花样编织A　参照图

20.5c（55针）
22.5c（61针）

3c（3行）

26c（69针）
28c（75针）

15c（15行）
18c（18行）

16c（锁43针）
17.5c（锁47针）　起针

1c（1行）

10花样　挑针
11花样　花边

上行=80cm尺寸
下行=90cm尺寸
一个图示表示**80cm**、90cm相同

下摆·前襟·衣领
花边 粉色

7花样　挑针
8花样

1c（1行）

5花样　挑针
6花样

扣眼参照图

14花样　挑针
16花样

6花样　挑针
7花样

后面开始

16花样　挑针
18花样

※左前身片和右前身片左右对称编织。

和☆合在一起，引拔针织成圆环

蝴蝶结
花样编织B　粉色

×0　←4
→3　←2
→1

编织开头
编织结束

12c（锁31针）起针

2.5c

装饰蝴蝶结的位置

4行

用粉色线接缝蝴蝶结的后面

中心系上用2根粉色线锁15针编织的带子

6c

◎袖子用"锁针编织和短针编织接
缝"连接在身片上。
◎扣眼使用花边，装饰上纽扣。
◎蝴蝶结用锁针起针的方法开始编
织，用花样编织B按照图示进行编
织。用锁针编织的带子把中央系上，做出形
状，装饰在衣领部。

后衣领口的编织方法图
90cm

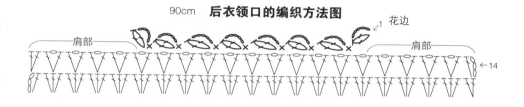

肩部　　　　　　　　　　　　　　花边
　　　　　　　　　　　　　　肩部
←14

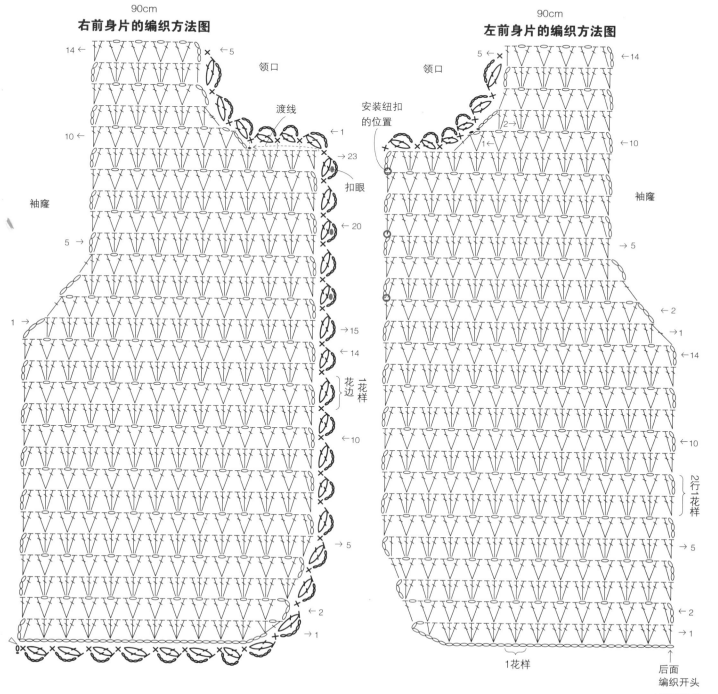

右前身片的编织方法图
90cm

领口
渡线
→23
扣眼
→20
→15
←14
花边
1花样
←10
→5
←2
→1
1花样

左前身片的编织方法图
90cm

领口
安装纽扣
的位置
←14
←10
→5
→2
→1
←14
←10
2行1花样
→5
←2
→1
1花样
后面
编织开头

袖窿
袖窿

★下页继续

80cm **后衣领口的编织方法图**

↙1 花边

肩部 — 肩部
←13

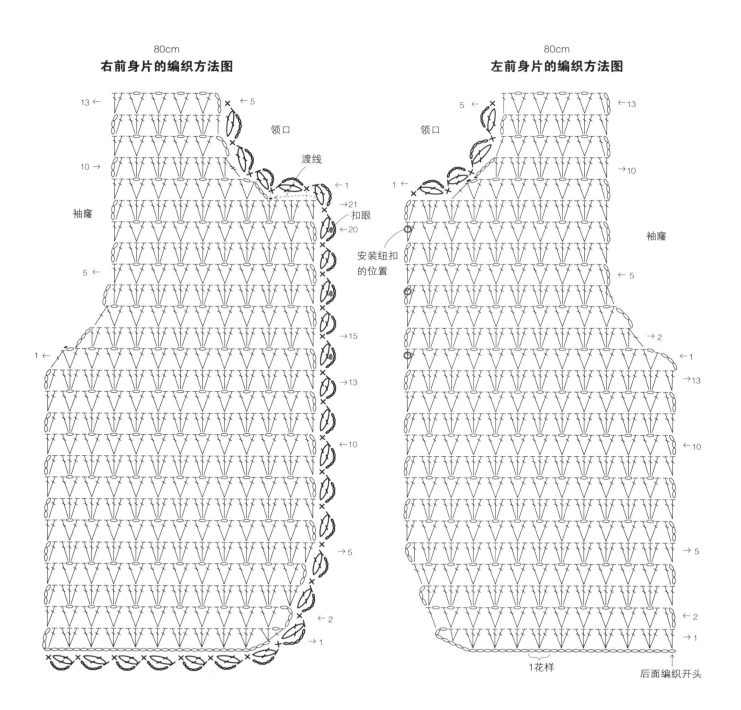

80cm
右前身片的编织方法图

13 ←
← 5
领口
渡线
10 →
→ 1
袖隆
→21 扣眼
← 20
安装纽扣
的位置
5 ←
→15
1 ←
→13
←10
→ 5
← 2
→ 1

80cm
左前身片的编织方法图

5 →
← 13
领口
1 →
→10
袖隆
← 5
→ 2
← 1
→13
←10
→ 5
← 2
→ 1

1花样

后面编织开头

58

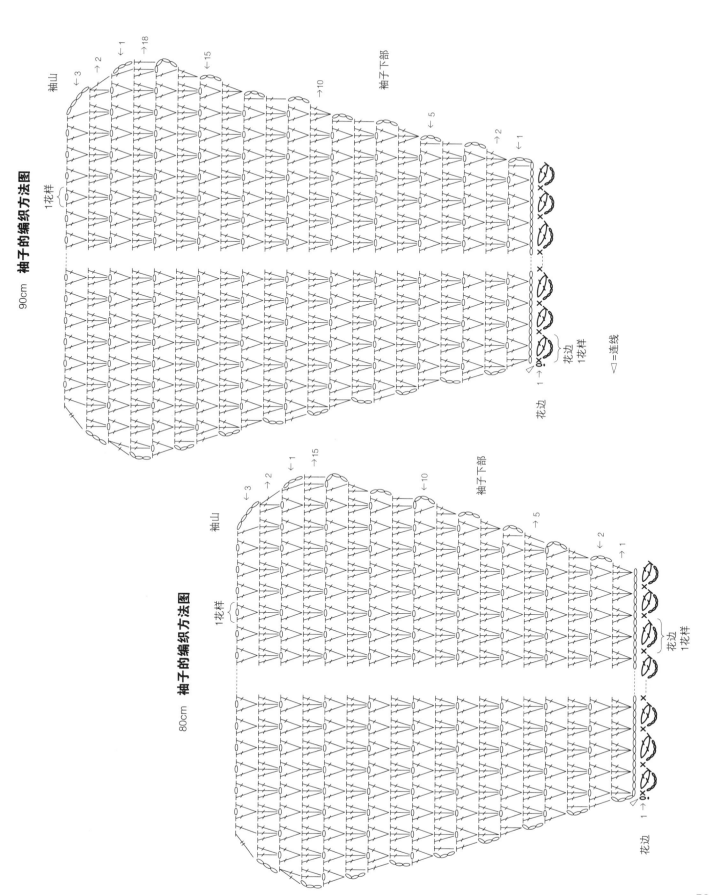

90cm **袖子的编织方法图**

袖山

→18
←1
→2
→3
←15
→10
←5
→2
←1

袖子下部

1花样

花边
1花样

花边
1→ 0x
←

◁ =连线

80cm **袖子的编织方法图**

袖山

→15
←1
→2
→3
←10
→5
←2
→1

袖子下部

1花样

花边
1花样

花边
1→ 0x
◁

59

 图 P18　麻花图案的小包

✱ **材料** ✱　混纺手编毛线　柔软的羊毛线（粗线）
茶色（14）25g

✱ **工具** ✱　4号2根棒针　7/0号、3/0号钩针

✱ **附属品** ✱　3cm×1cm的纽扣各一个

✱ **完成后尺寸** ✱
宽13cm　深12cm

✱ **针数**（10cm方形）✱
正、反面交替编织　27针　38行

✱ **编织要点** ✱　包体请用一股线编织，包带用两股线编织。

◎包体用之后可拆开的起针方法开始编织，后面、包盖用正、反面交替编织。前面用正、反面交替编织和花样编织A、B进行编织，伏针收针。

◎拆开起针后挑针，引拔底部订缝。

◎侧面挑针接缝。

◎一边在包盖尖端编织纽扣圈，一边进行短针编织包口周围的边缘。

◎编织包带，用返针倒缝的方法缝在包体的侧面。

◎装饰上纽扣。

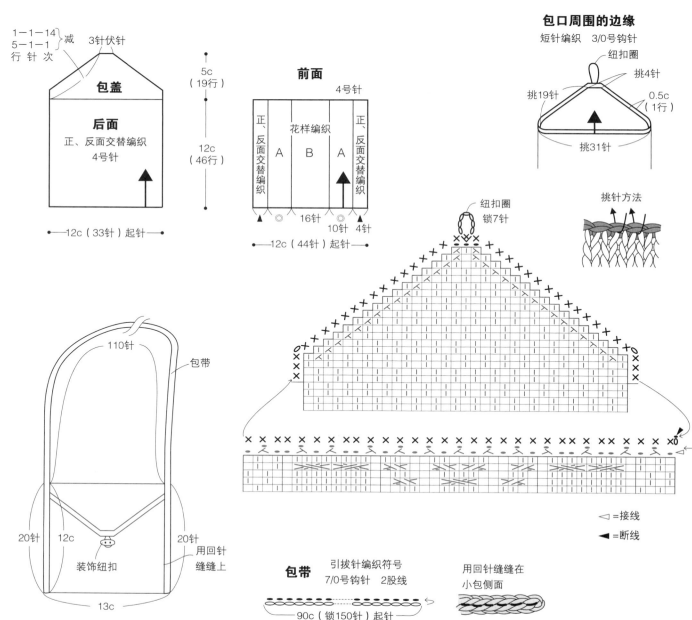

包盖
后面
正、反面交替编织
4号针

1—1—14　减
5—1—1
行　针　次

3针伏针

12c（33针）起针

前面
4号针
5c（19行）
12c（46行）

正、反面交替编织　花样编织　A　B　A　正、反面交替编织

16针　10针　4针

12c（44针）起针

包口周围的边缘
短针编织　3/0号钩针
纽扣圈
挑4针
挑19针
0.5c（1行）
挑31针

挑针方法

纽扣圈　锁7针

◁=接线
◀=断线

110针
包带

20针　12c　20针
用回针缝缝上
装饰纽扣

13c

包带　引拔针编织符号
7/0号钩针　2股线

用回针缝缝在小包侧面

90c（锁150针）起针

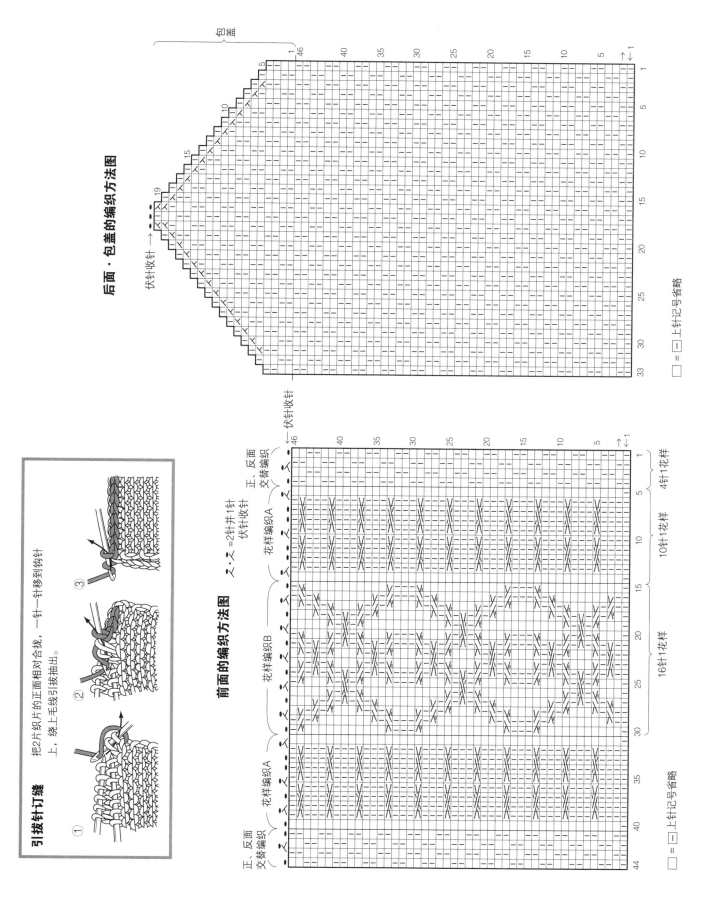

后面·包盖的编织方法图

前面的编织方法图

引拔针订缝

□=□ 上针记号省略

 20 图P19 **毛皮和绒球的小包**

✽材料✽ 混纺手编毛线 柔软的羊毛线（粗线）
粉色（19）26g
混纺手编毛线 水貂手感毛皮（超粗类型）
白（1）3m
✽工具✽ 5/0号10超粗钩针
✽完成后尺寸✽
宽12cm 深13cm
✽针数（10cm方形）**✽**
短针编织 23.5针 27.5行

✽编织要点✽ 请用一股线编织。
◎用锁针的起针方法开始编织，用短针编织把小包编成圆环。在第30行制作包带的穿孔。
◎用锁针的起针方法开始编织，用短针编织包盖。在第4行制作扣眼。
◎肩带用花样钩织进行编织，穿过侧面的包带穿孔后接缝。
◎包盖接缝在侧面。用绒球作为纽扣，固定住缝上。

小包
短针编织
5/0号钩针 粉色

12c
（33行）

1c（2行）

肩带的穿孔
锁2针

侧面

参照图 环形编织

底

24c（56针）

10c（锁24针）起针

短针编织 参照图

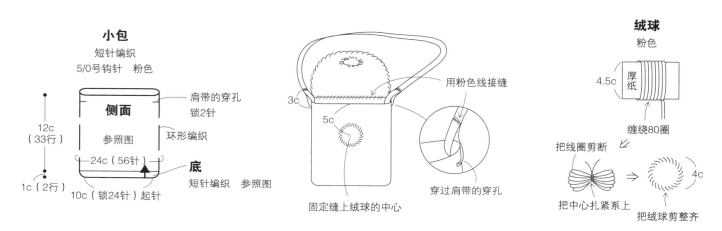

3c
5c
用粉色线接缝
穿过肩带的穿孔
固定缝上绒球的中心

绒球
粉色

4.5c 厚纸

缠绕80圈

把线圈剪断
把中心扎紧系上

4c
把绒球剪整齐

包盖
短针编织 10超粗钩针
白

8c（5行）

参照图

扣眼锁2针
2针

12c（锁6针）起针

包盖的编织方法图
10超粗钩针
白

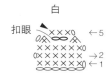

扣眼

←5
←2
←1

小包的编织方法图
粉色

肩带的穿孔

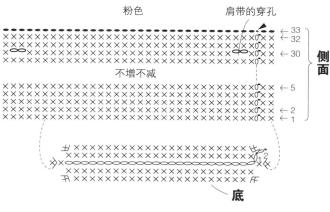

←33
←32
←30
←5
←2
←1

侧面

不增不减

底

底部的增针

2行	56针	增6针
1行	50针	

肩带
花样编织 5/0号钩针 粉色

1.5c（3行）

70c（锁175针）起针

肩带的编织方法图
粉色

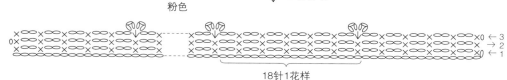

∨ = ×××　◀ =断线

0
←3
←2
←1

18针1花样

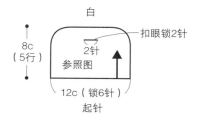
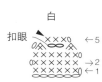

 图 P20・21 **心形图案的披肩**

✳**材料**✳ 混纺手编毛线 柔软的羊毛线（粗线）
21 80cm=紫色（30）85g 丁香紫（29）30g
22 90cm=丁香紫（29）105g 紫色（30）40g
✳**工具**✳ 5/0号钩针
✳**附属品**✳ 直径1.8cm的包扣各4个
✳**完成后尺寸**✳
21 80cm=衣长24.5cm 下摆围101.5cm
22 90cm=衣长29cm 下摆围106.5cm

✳**针数**（10cm方形）✳
花样编织A 24针 13行
花样编织B 23针 12.5行
✳**编织要点**✳ 请用一股线编织。
◎前、后身片用锁针的起针方法开始编织，用花样编织A、B按照图示减针编织。
◎衣领用花样编织C进行编织。
◎下摆用花边A进行编织。

※本页下面继续

披肩

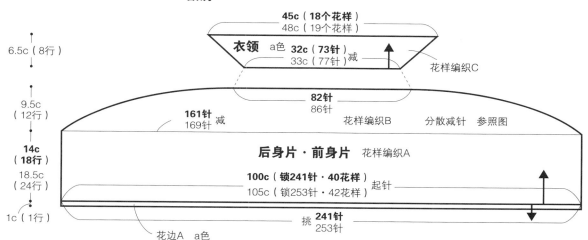

6.5c（8行）

9.5c（12行）

14c（18行）

18.5c（24行）

1c（1行）

45c（18个花样）
48c（19个花样）

衣领 a色 **32c（73针）**减
33c（77针）

花样编织C

82针
86针

161针减
169针

花样编织B 分散减针 参照图

后身片・前身片 花样编织A

100c（锁241针・40花样） 起针
105c（锁253针・42花样）

挑 **241针**
253针

花边A a色

领部・前襟
花边B a色

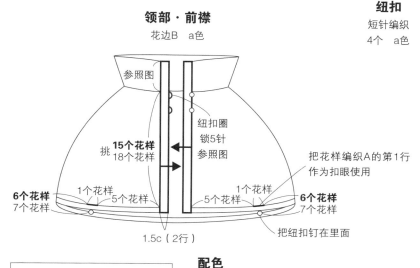

参照图

挑 **15个花样**
18个花样

纽扣圈
锁5针
参照图

把花样编织A的第1行作为扣眼使用

6个花样
7个花样

1个花样
5个花样

1个花样
5个花样

6个花样
7个花样

1.5c（2行）

把纽扣钉在里面

纽扣
短针编织
4个 a色

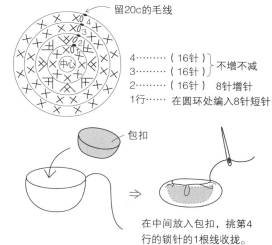

留20c的毛线

4………（16针）
3………（16针）}不增不减
2………（16针）8针增针
1行……在圆环处编入8针短针

包扣

在中间放入包扣，挑第4行的锁针的1根线收拢。

◎领部・前襟用花边B进行编织。在右边的前襟处编织扣眼。
◎纽扣用环形起针，如图编织，钉在左边前襟和下摆上。

上行=80cm尺寸
下行=90cm尺寸
一个图示表示**80cm**、90cm相同

配色

	21	22
a色	紫色	丁香紫
b色	丁香紫	紫色

★下页继续

80cm 披肩的编织方法图

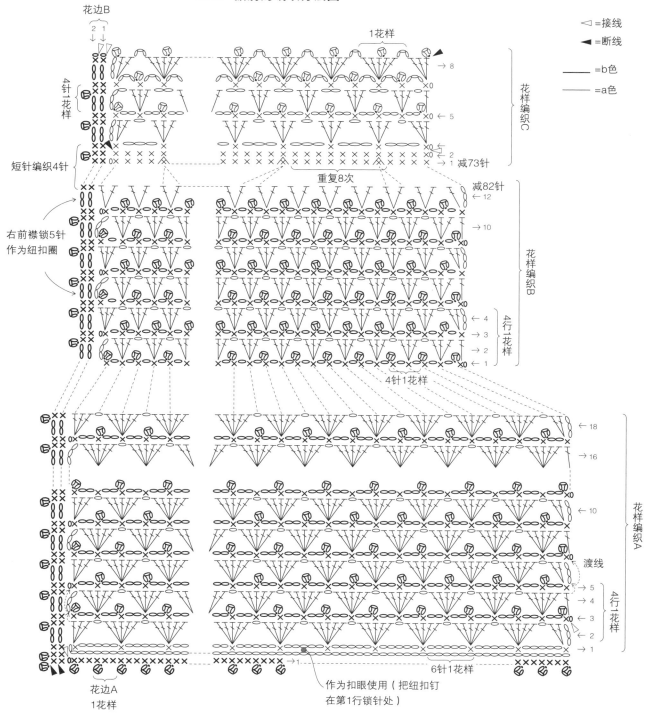

花边B

↓2 ↑1

4针1花样

短针编织4针

1花样

⊲=接线
◀=断线
=b色
=a色

→8
←5
←2
→1 减73针

花样编织C

重复8次

减82针
←12
→10

右前襟锁5针
作为纽扣圈

花样编织B

←4
→3
→2
←1

4行1花样

4针1花样

←18
→16

花样编织A

→10

渡线

→5
→4
→3
→2
→1

4行1花样

→1

6针1花样

花边A
1花样

作为扣眼使用（把纽扣钉
在第1行锁针处）

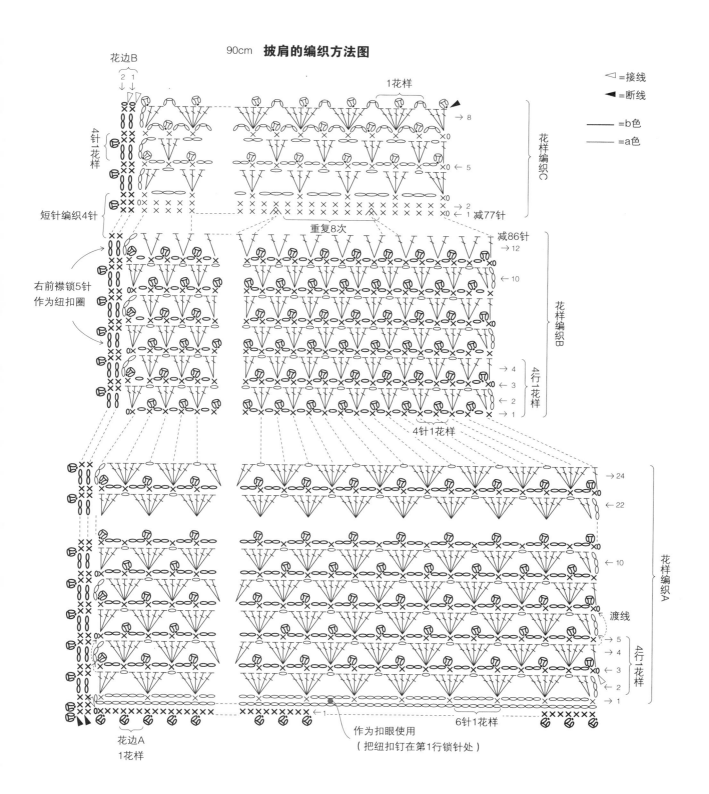

90cm **披肩的编织方法图**

花边B

1花样

◁=接线
◀=断线

──=b色
──=a色

4针1花样

花样编织C

短针编织4针

重复8次

减77针

右前襟锁5针
作为纽扣圈

减86针

花样编织B

4行1花样

4针1花样

花样编织A

渡线

4行1花样

6针1花样

花边A
1花样

作为扣眼使用
（把纽扣钉在第1行锁针处）

65

 图 P22 **绒球围巾和成套针帽**

✳材料✳ 混纺手编毛线 柔软的羊毛线（粗线）
23 白色（1）45g
24 白色（1）35g
25 灰色（11）45g
26 灰色（11）35g

混纺手编毛线 小卷Café 半霓虹线（粗线）
23 粉色（205）10g
24 粉色（205）2g
25 天蓝色（206）10g
26 天蓝色（206）2g
✳工具✳ 5/0、4/0号钩针

✳完成后尺寸✳
针帽 头围46cm 纵深18cm
围巾 宽11cm 长72cm
✳针数（10cm方形）✳
✳花样编织✳ 21针 14行
✳编织要点✳ 请用一股线编织。

针帽 ◎用锁针的起针方法开始编织，引拔针编织圆环，帽口用花样编织进行编织。
◎顶部参照图纸用分散减针编织。把剩余的针收紧固定。
◎帽口处用花边钩织圆环。

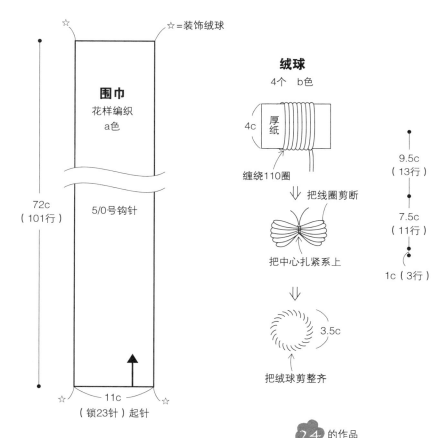

围巾
花样编织
a色

5/0号钩针

72c
（101行）

11c
（锁23针）起针

☆=装饰绒球

绒球
4个 b色

4c 厚纸

缠绕110圈

把线圈剪断

把中心扎紧系上

3.5c

把绒球剪整齐

针帽
花样编织 a色

9.5c
（13行）

7.5c
（11行）

1c（3行）

6针 收紧固定

分散减针
参照图
5/0号钩针

46c（锁96针・16花样）起针

锁96针挑针

花边

环形编织

1－1－6－1			
1－1－12－1			
2－1－24－1		减
2－1－16－1		
2－1－8－3		
1－1－8－1		

行 针 位 回
　　　　　置

配色

	23・24	25・26
a色	白色	灰色
b色	粉色	天蓝色

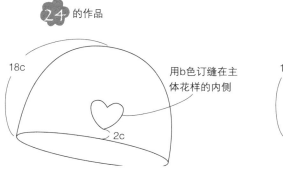

24 的作品

18c

用b色订缝在主体花样的内侧

2c

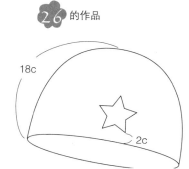

26 的作品

18c

2c

◎主体花样用环形起针，按照图示编织，装饰在如图所示的位置。

围巾 ◎用锁针的起针方法开始编织，用花样编织进行编织。

◎制作绒球，固定在如图所示的位置。

帽子的编织方法图
花样编织
在剩余6针的地方穿线收紧

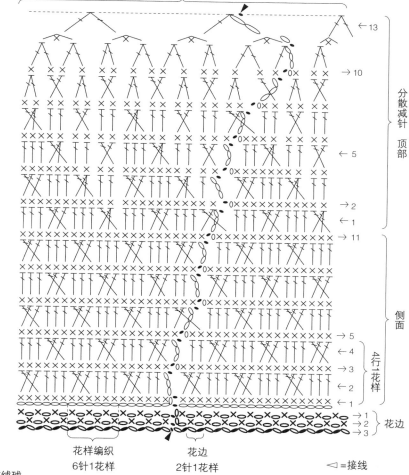

←13
→10
→5
→2
←1

分散减针 顶部

→11
←5
←4
→3
←2
←1

侧面

4行1花样

→1
→2
→3

花边

花样编织
6针1花样

花边
2针1花样

◁=接线
◀=断线

围巾的编织方法图
花样编织

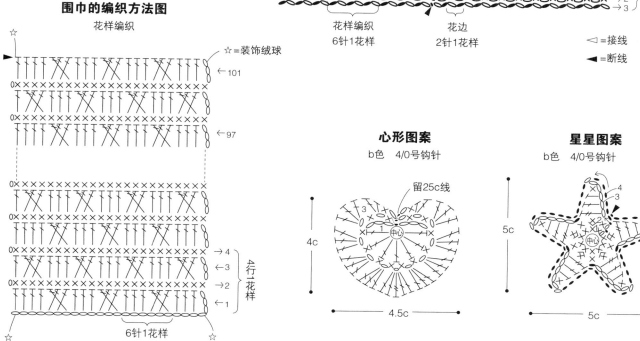

☆=装饰绒球

←101
←97

→4
→3
→2
←1

4行1花样

6针1花样

心形图案
b色 4/0号钩针

留25c线

4c

4.5c

星星图案
b色 4/0号钩针

5c

5c

 图 P24 **排列滚边围巾**

✳ **材料** ✳　混纺手编毛线　柔软的羊毛线（粗线）
27 本白色（2）20g　灰粉色（31）15g
28 本白色（2）20g　灰粉色（32）15g
✳ **工具** ✳　6/0号钩针
✳ **完成后尺寸** ✳
宽10cm　长66cm
✳ **针数**（10cm方形）✳
✳ **花样编织** ✳　19针　14行

✳ **编织要点** ✳　请用一股线编织。
◎用锁针的起针方法开始编织，用花样编织进行编织。花样编织第2行留3m线头，接线。
◎编织完的一面的花边接上本体的最后一行，用剩余的毛线开始编织第2行。

围巾的编织方法图
花样编织

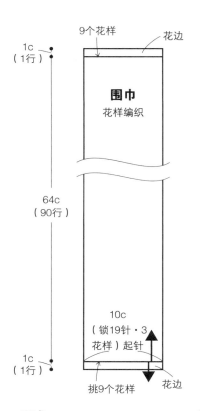

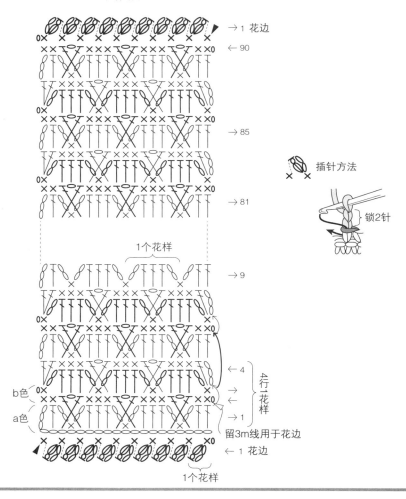

插针方法

锁2针

配色

	27	28
a色	灰粉色	灰蓝色
b色	本白色	本白色

长针1针交叉
（中间锁1针）

① 在针上接线，如箭头所示跳过2针在第3针处插针。
② 长针编织。
③ 锁1针编织。
④ 将针插入在步骤①中插入的2针前面的针眼处引拔抽出，长针1针交叉完成。
⑤

 图 P25　**蝴蝶结发箍**

✱ **材料** ✱　混纺手编毛线　柔软的羊毛线（粗线）
29 柔和橘色（16）10g
30 本白色（2）10g
✱ **工具** ✱　6/0号钩针
✱ **附属品** ✱　6mm宽的黑色扁平橡皮筋各22cm
✱ **完成后尺寸** ✱
参照图纸

✱ **针数**（10cm方形）✱
花样编织　20针　12行
长针编织　20针　8.5行
✱ **编织要点** ✱　请用一股线编织。
◎ 用锁针的起针方法开始编织，本体用花样钩织编织圆环，接着，结扣处用往返钩织进行长针编织。
◎ 饰带用锁针的起针方法开始编织，如图用长针钩织进行编织。
◎ 参照图拼装蝴蝶结发箍。

蝴蝶结

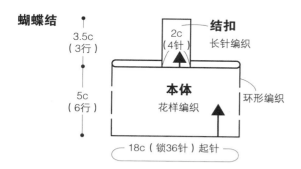

发箍的编织方法图
长针编织

蝴蝶结的编织方法图

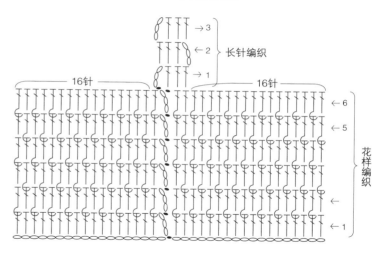

发箍
长针编织

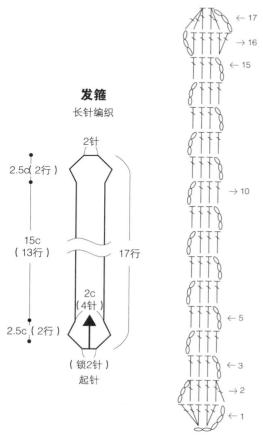

蝴蝶结发箍的拼装方法

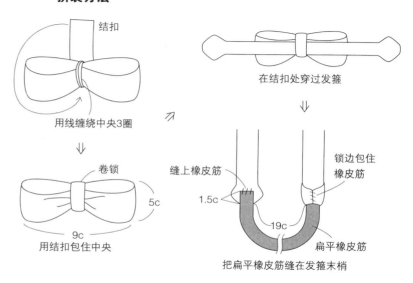

69

31·32 图P26 插肩袖的卡迪根式开襟毛衣

✻材料✻ 混纺手编毛线 柔软的羊毛线（粗线）

31 90cm=柔和绿色（18）155g

32 80cm=奶油色（3）140g

✻工具✻ 2根5号棒针

✻附属品✻ 直径1.5cm的纽扣各5个

✻完成后尺寸✻

31 90cm=衣长34.5cm 胸围68.5cm 袖长39cm

32 80cm=衣长32.5cm 胸围64cm 袖长35cm

✻针数（10cm方形）✻

花样编织 26针 36行

✻编织要点✻ 请用一股线编织。

◎前、后身片用一般起针方法开始编织，用变化罗纹针和花样钩织进行编织。

◎用锁针的起针方法开始编织，如图用长针钩织进行编织。

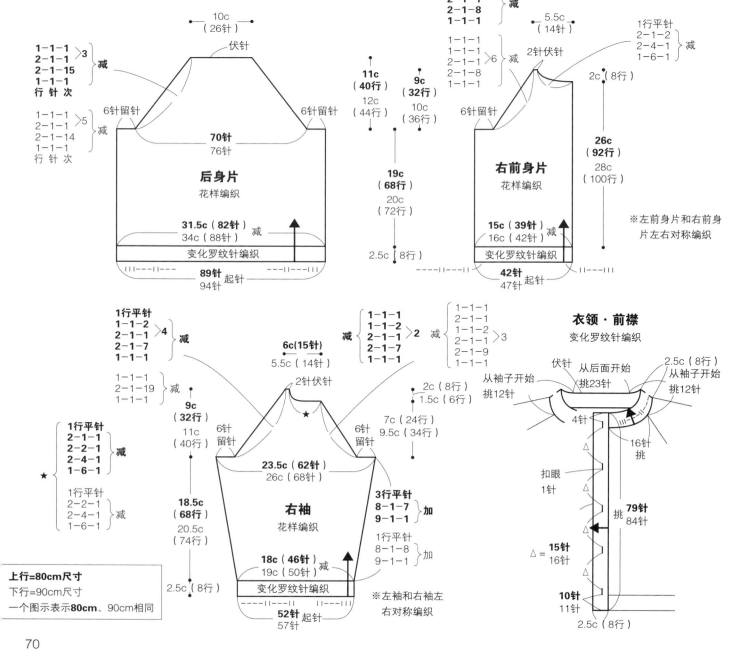

后身片

10c（26针） 伏针

1-1-1 ↘3
2-1-1 减
2-1-15
1-1-1
行 针 次

1-1-1 ↘5
2-1-1 减
2-1-14
1-1-1
行 针 次

6针留针   6针留针

70针
76针

后身片
花样编织

31.5c（82针）减
34c（88针）

变化罗纹针编织

89针 起针
94针

右前身片

1-1-1 ↘5
2-1-1 减
2-1-8
1-1-1

1-1-1
1-1-1
2-1-1 ↘6 减
2-1-8
1-1-1

5.5c（14针） 2针伏针

1行平针
2-1-2
1-4-1 减
1-6-1

2c（8行）

6针留针

11c（40行）
12c（44行）

9c（32行）
10c（36行）

右前身片
花样编织

26c（92行）
28c（100行）

19c（68行）
20c（72行）

15c（39针）减
16c（42针）

变化罗纹针编织

2.5c（8行）

42针 起针
47针

※左前身片和右前身片左右对称编织

右袖

1行平针
1-1-2
2-1-1 ↘4 减
2-1-7
1-1-1

1-1-1
2-1-19 减
1-1-1

1行平针
2-1-1
2-2-1 减
2-4-1
1-6-1

1行平针
2-2-1
2-4-1 减
1-6-1

6c（15针）
5.5c（14针）

2针伏针 ★

1-1-1
1-1-2
减 2-1-1 ↘2
2-1-7
1-1-1

1-1-1
2-1-1
1-1-2
2-1-1 ↘3
2-1-9
1-1-1

2c（8行）
1.5c（6行）

7c（24行）
9.5c（34行）

9c（32行）
11c（40行）

6针留针   6针留针

23.5c（62针）
26c（68针）

右袖
花样编织

3行平针
8-1-7 加
9-1-1

1行平针
8-1-8 加
9-1-1

18.5c（68行）
20.5c（74行）

18c（46针）减
19c（50针）

变化罗纹针编织

52针 起针
57针

2.5c（8行）

※左袖和右袖左右对称编织

衣领·前襟
变化罗纹针编织

伏针

从后面开始
挑23针

从袖子开始
挑12针

2.5c（8行）
从袖子开始
挑12针

4针

16针挑

扣眼
1针

79针
84针

挑

15针
16针

△=

10针
11针

2.5c（8行）

上行=80cm尺寸
下行=90cm尺寸
一个图示表示**80cm**、90cm相同

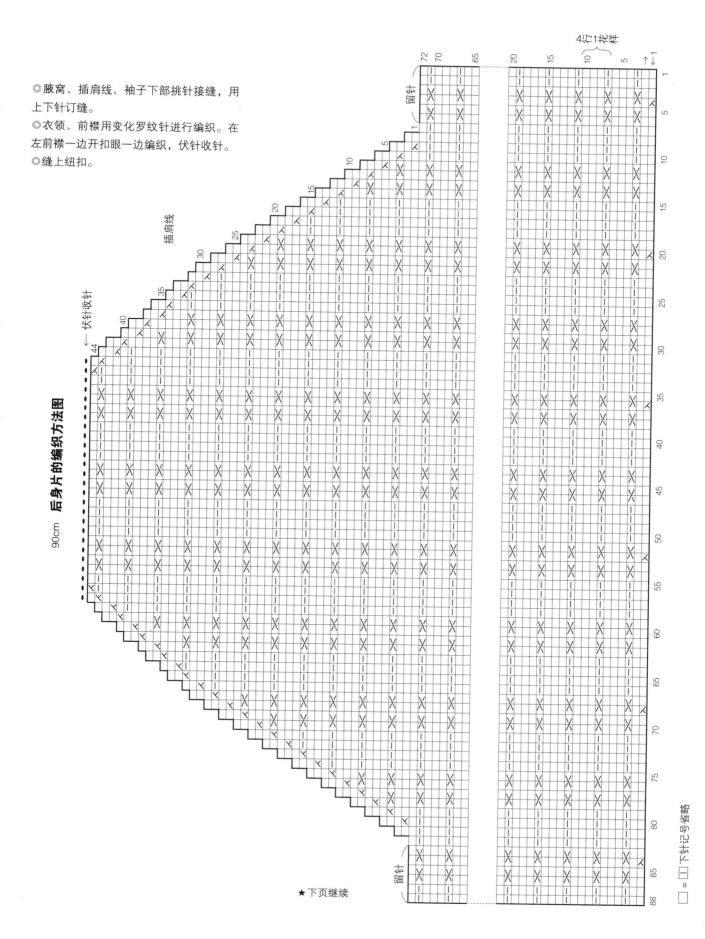

◎腋窝、插肩线、袖子下部挑针接缝,用
上下针订缝。

◎衣领、前襟用变化罗纹针进行编织。在
左前襟一边开扣眼一边编织,伏针收针。

◎缝上纽扣。

后身片的编织方法图

90cm

插肩线

← 伏针收针

4行1花柱

留针

留针

★下页继续

□ = □ 下针记号省略

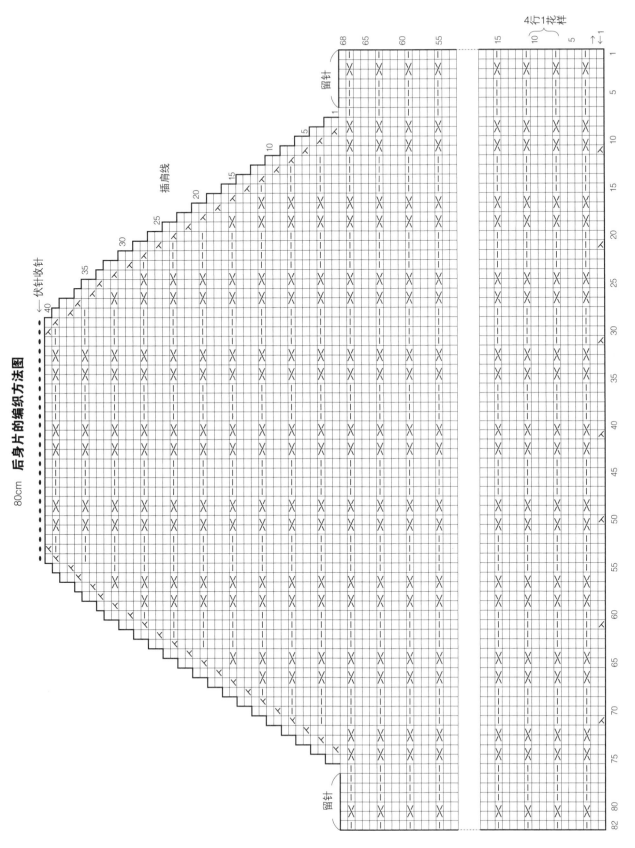

后身片的编织方法图

80cm

72

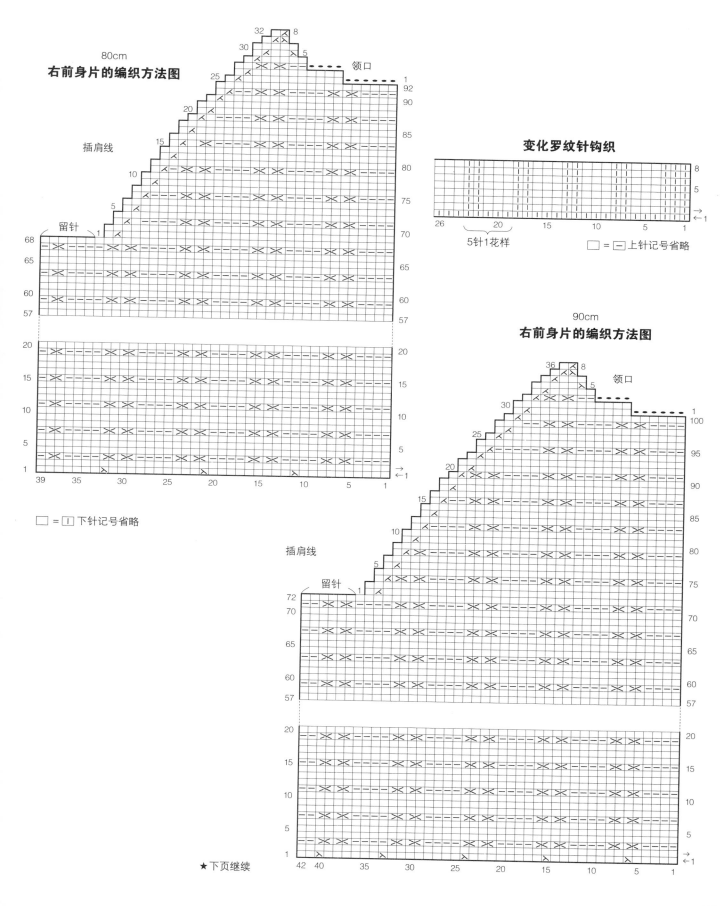

80cm
右前身片的编织方法图

插肩线

留针

领口

变化罗纹针钩织

5针1花样

□ = □ 上针记号省略

□ = Ⅰ 下针记号省略

90cm
右前身片的编织方法图

领口

插肩线

留针

★下页继续

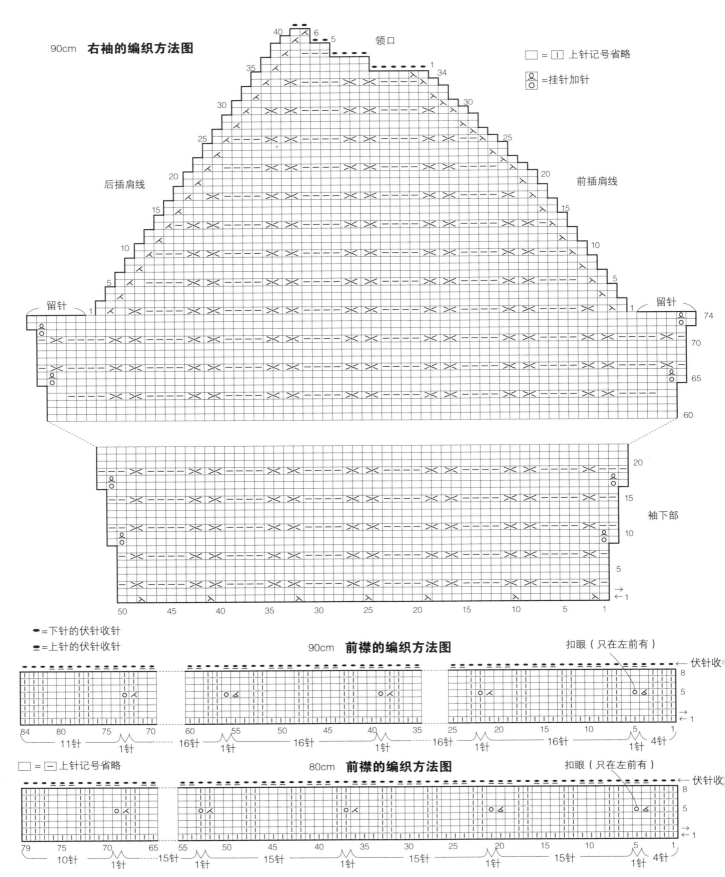

90cm **右袖的编织方法图**

领口

□ = 上针记号省略

=挂针加针

后插肩线　　前插肩线

留针　　留针

袖下部

●=下针的伏针收针
●=上针的伏针收针

90cm **前襟的编织方法图**

扣眼（只在左前有）

←伏针收

11针　1针　16针　1针　16针　1针　16针　1针　4针

□ = 上针记号省略

80cm **前襟的编织方法图**

扣眼（只在左前有）

←伏针收

10针　1针　15针　1针　15针　1针　15针　1针　15针　1针　4针

74

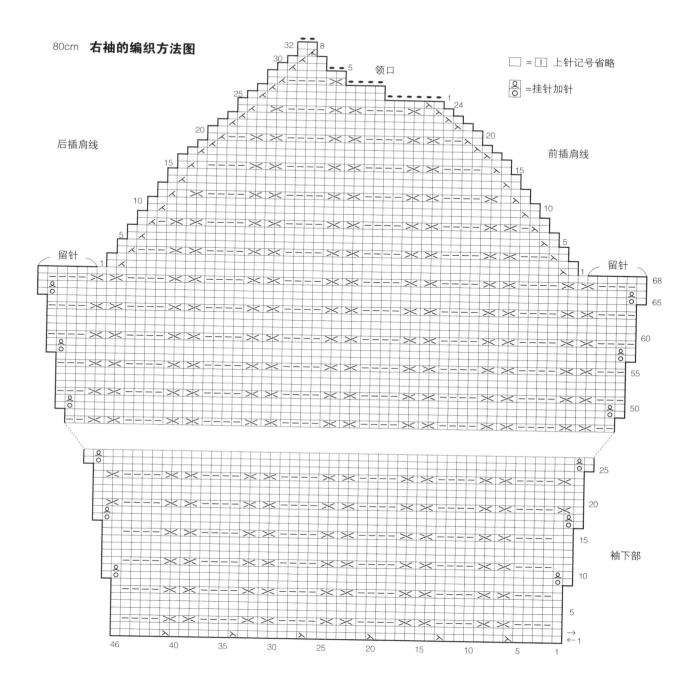

80cm **右袖的编织方法图**

后插肩线

前插肩线

领口

留针

留针

□ = |上针记号省略

⑧ = 挂针加针

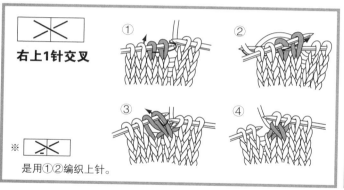

右上1针交叉

① ② ③ ④

※ 是用①②编织上针。

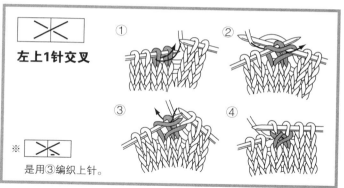

左上1针交叉

① ② ③ ④

※ 是用③编织上针。

33 图P28 后开门襟式的圆筒上衣

✳ 材料 ✳　混纺手编毛线　柔软的羊毛线（粗线）

80cm=淡桃红色（7）130g

90cm=淡桃红色（7）135g

✳ 工具 ✳　5/0号钩针

✳ 附属品 ✳　直径1.5cm的纽扣各4个

✳ 完成后尺寸 ✳

80cm=衣长35.5cm　胸围63cm　肩宽25cm

90cm=衣长36cm　胸围67cm　肩宽27cm

✳ 针数（10cm方形）✳

花样编织　22针　15行

（第79页继续）

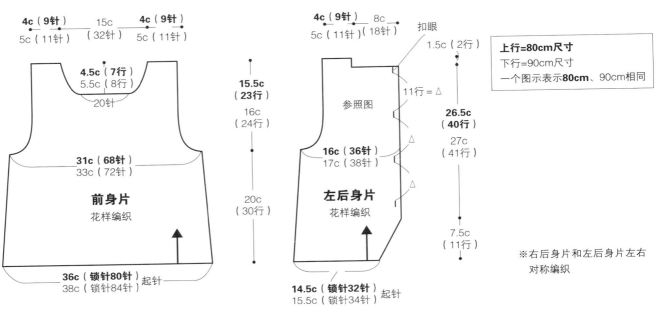

后门襟式

4c（9针）　15c　4c（9针）
5c（11针）（32针）5c（11针）

4.5c（7行）
5.5c（8行）
20针

31c（68针）
33c（72针）

前身片
花样编织

36c（锁针80针）起针
38c（锁针84针）起针

4c（9针）　8c
5c（11针）（18针）　扣眼

1.5c（2行）

参照图

11行＝△

16c（36针）
17c（38针）

左后身片
花样编织

14.5c（锁针32针）起针
15.5c（锁针34针）起针

15.5c（23行）
16c（24行）

20c（30行）

26.5c（40行）
27c（41行）

7.5c（11行）

上行=80cm尺寸
下行=90cm尺寸
一个图示表示80cm、90cm相同

※右后身片和左后身片左右
对称编织

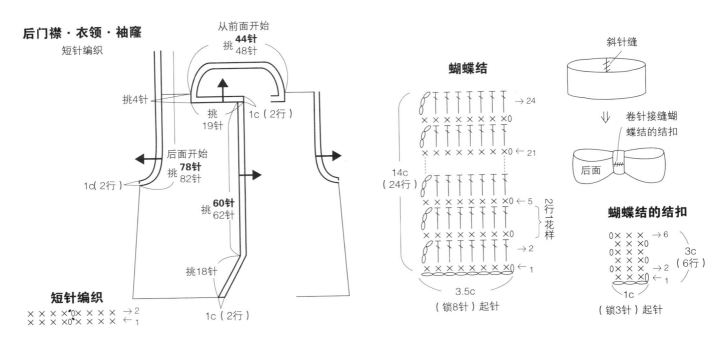

后门襟·衣领·袖窿
短针编织

从前面开始
挑44针
48针

挑4针

挑19针

1c（2行）

后面开始
挑78针
82针

1c（2行）

挑60针
62针

挑18针

1c（2行）

短针编织
× × × ×○× × × × →2
× × × ×○× × × × ←1

蝴蝶结

→24
×× × × × ×○ ←21
14c（24行）
×× × × × ×○ ←5
2行1花样
×× × × × ×○ →2
←1
3.5c（锁8针）起针

斜针缝

⇩
卷针接缝蝴
蝶结的结扣
后面

蝴蝶结的结扣
0× × × →6
× × ×0
0× × × →2　3c
× × ×0 ←1 （6行）
1c
（锁3针）起针

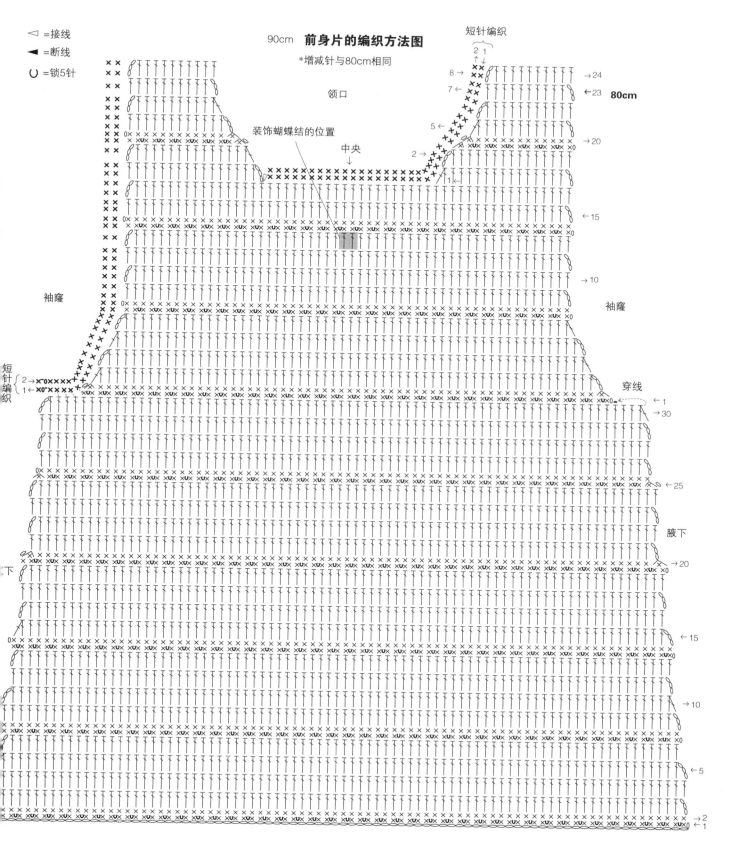

前身片的编织方法图

90cm **前身片的编织方法图**

*增减针与80cm相同

☐=接线
◀=断线
∪=锁5针

短针编织

领口

装饰蝴蝶结的位置

中央

袖窿

袖窿

短针编织

穿线

腋下

下

★下页继续

77

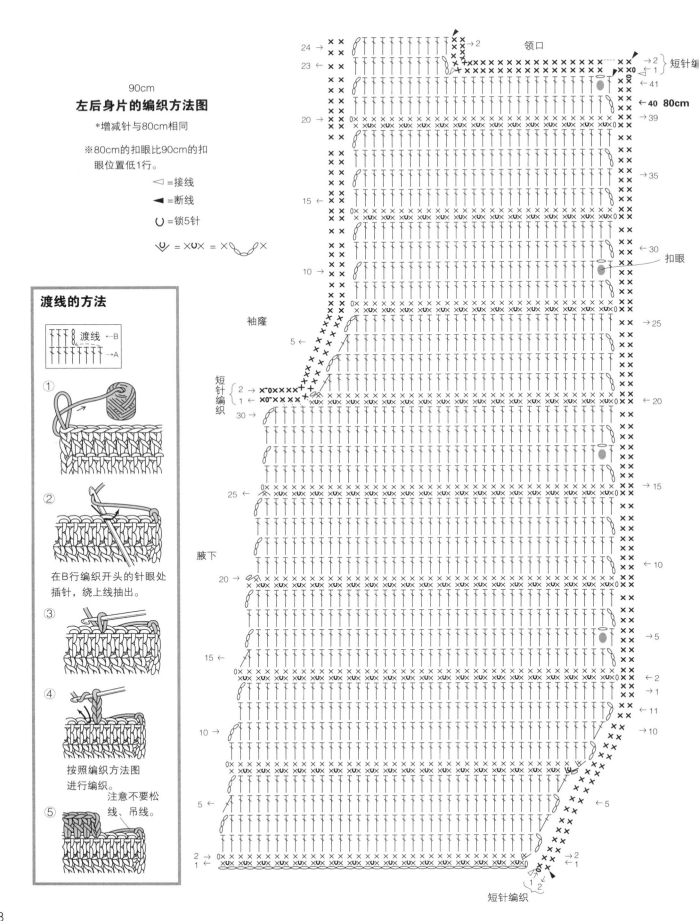

90cm

左后身片的编织方法图

*增减针与80cm相同

※80cm的扣眼比90cm的扣眼位置低1行。

◁ =接线

◀ =断线

∪ =锁5针

= ×∪× = ×∿×

领口

短针编织

扣眼

袖窿

短针编织

腋下

渡线的方法

渡线 ←B
→A

① 在B行编织开头的针眼处插针，绕上线抽出。

②

③

④ 按照编织方法图进行编织。

⑤ 注意不要松线、吊线。

短针编织

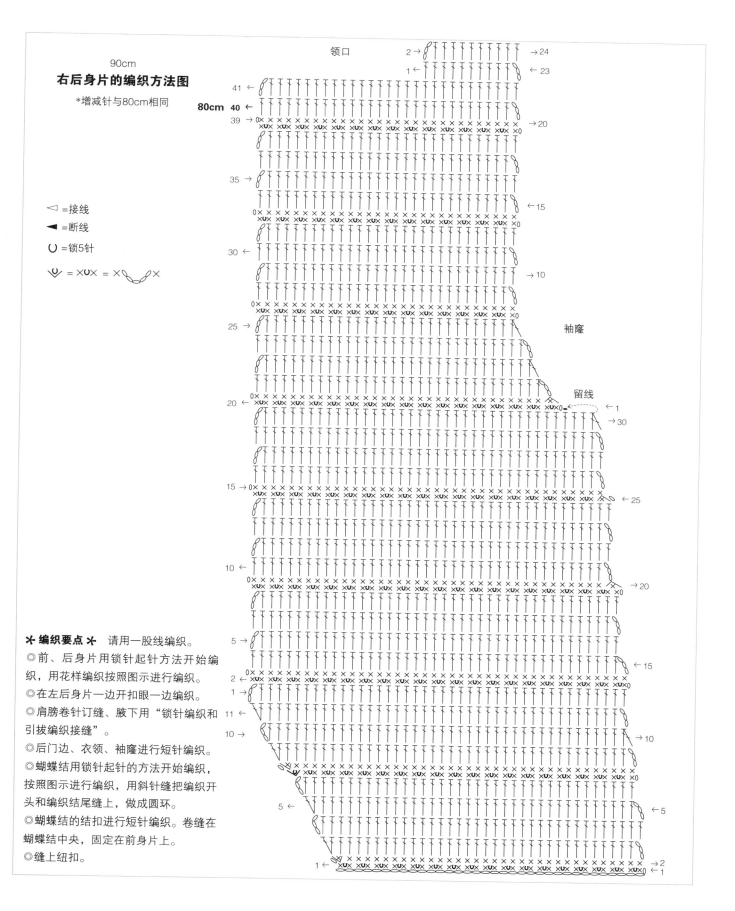

右后身片的编织方法图

90cm

*增减针与80cm相同

领口

80cm

◁ =接线

◀ =断线

∪ =锁5针

= ×∪× = ×⌣×

袖窿

留线

✻ **编织要点** ✻ 请用一股线编织。

◎前、后身片用锁针起针方法开始编织，用花样编织按照图示进行编织。

◎在左后身片一边开扣眼一边编织。

◎肩膀卷针订缝、腋下用"锁针编织和引拔编织接缝"。

◎后门边、衣领、袖窿进行短针编织。

◎蝴蝶结用锁针起针的方法开始编织，按照图示进行编织，用斜针缝把编织开头和编织结尾缝上，做成圆环。

◎蝴蝶结的结扣进行短针编织。卷缝在蝴蝶结中央，固定在前身片上。

◎缝上纽扣。

34 图 P29 带领毛线套衫

✱ 材料 ✱ 混纺手编毛线 柔软的羊毛线
（粗线）

80cm=丁香紫（29）110g 白色（1）10g

90cm=丁香紫（29）120g 白色（1）11g

✱ 工具 ✱ 6/0、5/0号钩针

✱ 附属品 ✱ 直径11.5cm的纽扣各1个

✱ 完成后尺寸 ✱

80cm=衣长31cm 胸围62cm 肩宽
23cm 袖长12cm

90cm=衣长32.5cm 胸围65cm 肩宽
25cm 袖长12.5cm

✱ 针数（10cm方形）✱

花样编织A 26针 10.5行（5/0号钩针）

25针 10行（6/0号钩针）

✱ 编织要点 ✱ 请用一股线编织。

◎前、后身片、袖子用锁针起针方法开始
编织，用花样编织A按照图示进行编织。

◎肩膀引拔订缝，腋下、袖子用"锁针编
织和引拔编织接缝"。

◎领口边缘、下摆、袖口的短针编织要编
织成圆环。

◎袖子用引拔针接缝在身片上。

◎衣领用锁针起针的方法开始编织，用花
样编织B按照图示进行编织，卷针接缝在领
口上。

◎缝上纽扣。

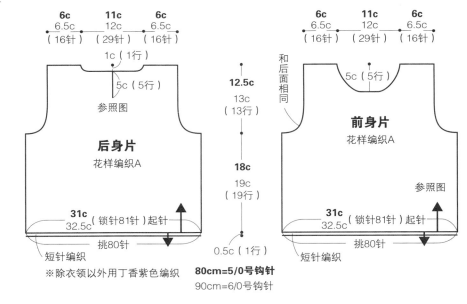

※除衣领以外用丁香紫色编织

80cm=5/0号钩针
90cm=6/0号钩针

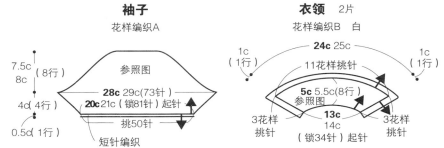

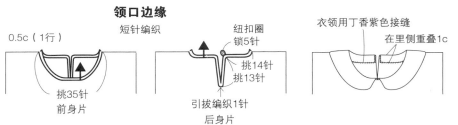

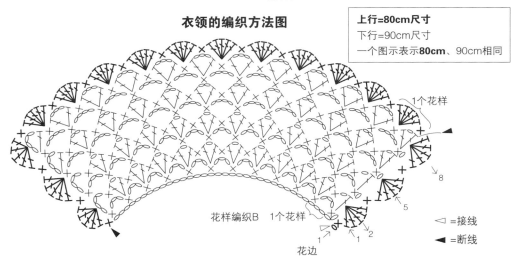

衣领的编织方法图

上行=80cm尺寸
下行=90cm尺寸
一个图示表示80cm、90cm相同

花样编织B 1个花样

花边

◁ =接线
◀ =断线

后身片的编织方法图

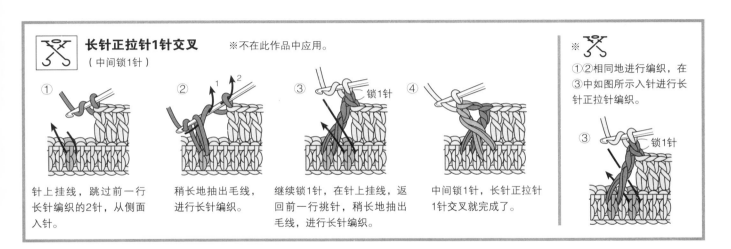

纽扣圈　短针编织

→1
→13
←10
→7
→5

袖窿

→1
←19
渡线

腋下

→4
→2
←1

◁=接线
◀=断线

中央　　花样编织　10针1花样

长针正拉针1针交叉
（中间锁1针）

※不在此作品中应用。

① 针上挂线，跳过前一行长针编织的2针，从侧面入针。

② 稍长地抽出毛线，进行长针编织。

③ 继续锁1针，在针上挂线，返回前一行挑针，稍长地抽出毛线，进行长针编织。 锁1针

④ 中间锁1针，长针正拉针1针交叉就完成了。

※
①②相同地进行编织，在③中如图所示入针进行长针正拉针编织。

③ 锁1针

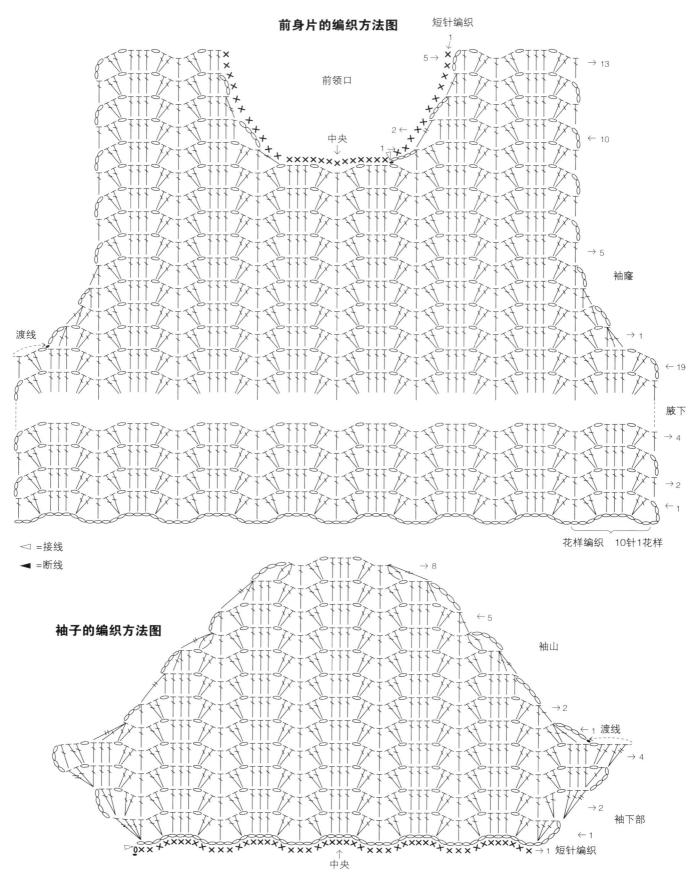

前身片的编织方法图

短针编织

前领口

中央

中央

袖窿

渡线

腋下

花样编织　10针1花样

◁ =接线
◀ =断线

袖子的编织方法图

袖山

渡线

袖下部

中央

短针编织

 图 P30 **亲子毛皮保暖围脖**

✽**材料**✽ 混纺手编毛线 柔软的羊毛线（粗线）

35 白色（1）15m

36 茶色（2）15m

✽**工具**✽ 12超粗钩针

✽**完成后尺寸**✽

宽10cm 长40cm

✽**针数**（10cm方形）✽

参照图纸

✽**编织要点**✽ 请用一股线编织。

◎第1行锁3针，挑第1针的半针和里山的2根线，进行长针编织。同样地编织8花样。

◎第2行的短针编织是挑第1行锁针的半针的1根线，进行编织。

◎纽扣环形起针，按照图示进行编织，缝在围脖本体上。

保暖围脖的编织方法图

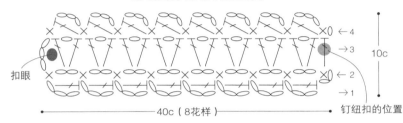

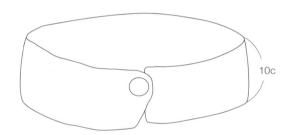

纽扣

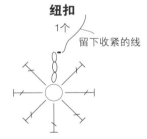

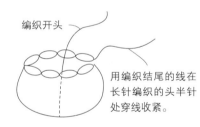

基础针法　起针

●一般起针法

① 绕在食指上的毛线（连着线团的一端）　绕在拇指上的毛线（线头的一端）

从线头开始在剩下编织宽度3~4倍的地方制作圆圈，把毛线从圆圈中间抽出，绕在2根棒针上。这样就完成了第1针。

② 在左手的食指和拇指上绕线，剩余的手指按住毛线。右手食指按住第1针。

③ 依照箭头插入棒针绕在拇指外侧的线上。

④ 依照箭头插入棒针绕在位于食指的线上。

⑤ 把绕在食指的线拉到面前，从拇指上的圆圈中抽出。

⑥ 松开绕在拇指上的线。

⑦ 从拇指上松开的线，在内侧绕在拇指上，收紧。重复步骤③~步骤⑦。

⑧ 必要的针数完成后，把1根棒针抽出。

●之后可解开的起针法

① 锁针的里山　插针方向
锁针编织的编织开头
另起线比必要针数多出约5针，松松地进行锁针编织。

② 在锁针的里山中插针，编织第1行。

③ 编织必要针数。

●之后可解开的挑针起针法

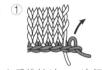

① 之后挑针时，一边解开另起线的锁针一边把针眼放到棒针上。

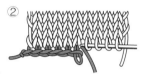

② 在圆环中插入棒针。

⬭ 锁针的起针

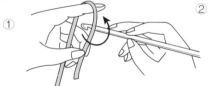

① 把钩针置于线的对面，依照箭头把钩针转1圈。

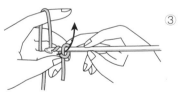

② 用左手压住缠绕的线根部，绕线抽出。

③ 绕线后将针引拔抽出。

④ 同样地重复编织。

✳ 线的环形起针

※第1行用短针编织为例进行讲解。

① 把线在手指上绕2次。

② 钩针插入圆圈中，绕线抽出。

③ 把线绕在钩针上，依照箭头引拔。

④ 立起1针锁针
第1行立起1针锁针编织，钩针插入圆圈中，绕线依照箭头抽出，进行短针编织。

⑤ 把必要针数编入圆环后，拉线头，拉移动的圆圈，收紧成为一个圆环。

⑥ 拉线头，也收紧另一个圆环。

⑦ 依照箭头，把钩针插入短针的头针中，进行引拔编织。

棒针编织

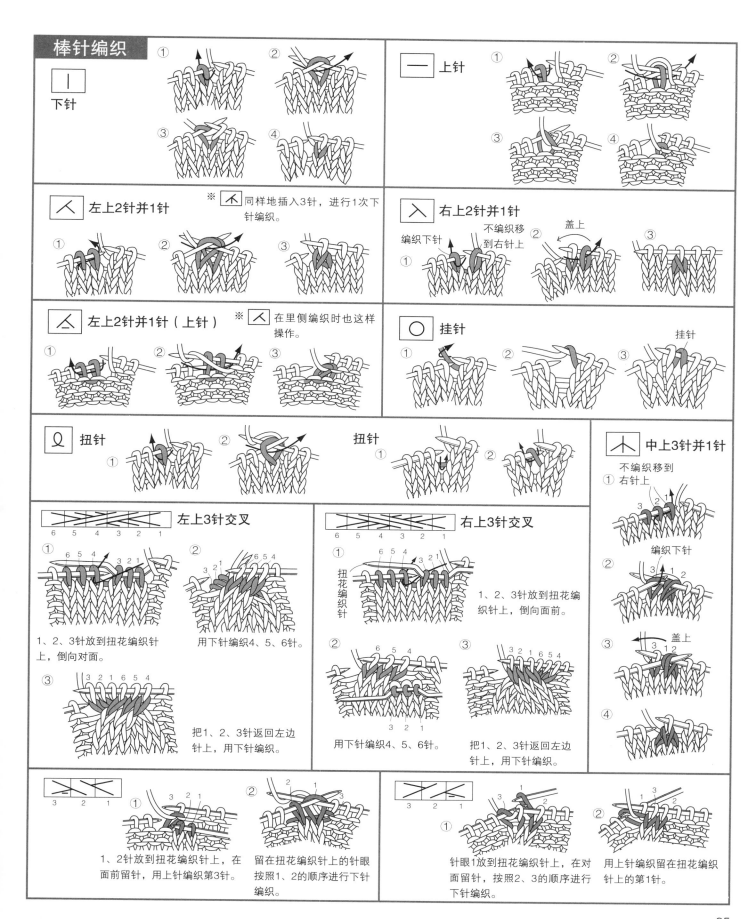

下针	① ② ③ ④	上针 ① ② ③ ④

左上2针并1针　※ 同样地插入3针，进行1次下针编织。
① ② ③

右上2针并1针
编织下针　不编织移到右针上　盖上
① ② ③

左上2针并1针（上针）　※ 在里侧编织时也这样操作。
① ② ③

挂针
① ② ③ 挂针

扭针
① ② 扭针 ① ②

中上3针并1针
不编织移到右针上 ①
编织下针 ②
盖上 ③
④

左上3针交叉
6 5 4 3 2 1
① ② ③
1、2、3针放到扭花编织针上，倒向对面。
用下针编织4、5、6针。
把1、2、3针返回左边针上，用下针编织。

右上3针交叉
6 5 4 3 2 1
① ② ③
扭花编织针
1、2、3针放到扭花编织针上，倒向面前。
用下针编织4、5、6针。
把1、2、3针返回左边针上，用下针编织。

3 2 1
① ②
1、2针放到扭花编织针上，在面前留针，用上针编织第3针。
留在扭花编织针上的针眼按照1、2的顺序进行下针编织。

3 2 1
① ②
针眼1放到扭花编织针上，在对面留针，按照2、3的顺序进行下针编织。
用上针编织留在扭花编织针上的第1针。

85

钩针编织

⬯ 锁针

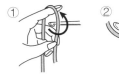 

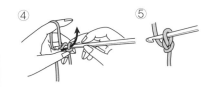 

※绕在针上的圆环不算作1针。

✕ 短针

① ②
立起1针锁针

③ ④

⬤ 引拔针

① 依照箭头插针。 ② 一起引拔抽出。

⤋ 短针1针分2针

① 短针编1针。 ② 在同一个针眼再编入1针，短针编织。 ③

⤊ 短针2针并1针

※"未完成"是指之后引拔1次，编织的针眼就成为完成的状态。

① 编2针未完成的短针。 ② 一起引拔抽出。 ③ 2针减为1针。

⤋ 短针1针分3针

①
编织1针短针。

②
在同一个针眼再编入2针短针。

③

✕ 条针（短针编织的情况）

①
在前一行的锁针对面的1根线上插针。

②
短针编织。

✕ 条针（短针·往返针编织的情况）

①
在前一行的锁针面向自己这面的1根线上插针。

②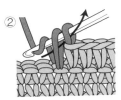
短针编织。

⬤ 花边编织

①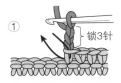
锁3针
锁3针编织，依照箭头插针。

②
一起引拔抽出。

③

| $\boxed{\mathsf{T}}$ 中长针 | $\boxed{\mathsf{T}}$ 长针 |

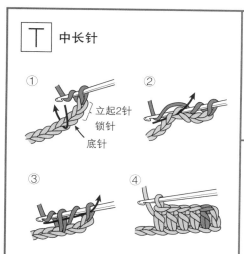

立起2针
锁针
底针

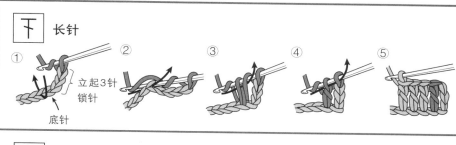

立起3针
锁针
底针

| $\boxed{\mathsf{\overline{T}}}$ 长长针 |

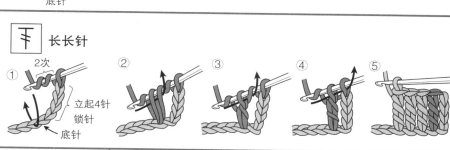

2次
立起4针
锁针
底针

| $\boxed{\mathsf{V}}$ 长针1针分2针 | $\boxed{\mathsf{A}}$ 长针3针并1针 |

长针编织1针。　　在同一针中再织1针长针。

※ $\overline{\wedge}$ 是长针2针并1针，同样地进行编织。

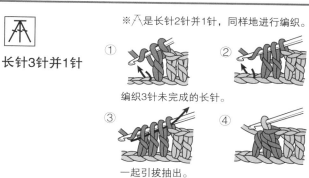

编织3针未完成的长针。

一起引拔抽出。

| $\boxed{\mathsf{\S}}$ 长针的正拉针 | $\boxed{\mathsf{\S}}$ 长针的反拉针 |

依照箭头插针，绕
线抽出。　　　　长针编织。

依照箭头插针，
绕线抽出。　　　　长针编织。

| $\boxed{\mathsf{\oint}}$ 长针2针的枣形针 | $\boxed{\mathsf{\oint}}$ 长针3针的枣形针 | $\boxed{\mathsf{\S}}$ 变化的枣形针 |

在前一行的同一针处，编织2针未完成的
长针。

一起引拔抽出。

在前一行的同一针处，
编织3针未完成的长针。

一起引拔抽出。

在前一行的同一针处，编
织2针未完成的中长针。

第1针
第2针

依照箭头引拔抽出。　　依照箭头引拔抽出。

挑针接缝

把织片对齐，依照箭头接缝。

相同的线

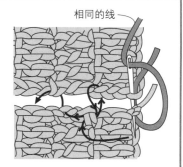

卷针接缝

把织片对齐，看着背面依照图示缝上。

相同的线

挑针订缝

在缝针上穿线，依照箭头挑锁针下面的2根线。

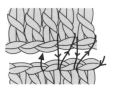

引拔针订缝

将织片的反面相对合拢，锁针挑1根的方法。

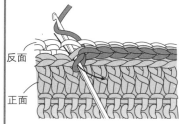

反面
正面

将织片的正面相对合拢，锁针挑2根的情况。

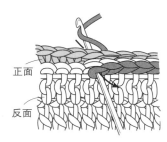

正面
反面

卷针订缝

用缝针挑起上面的锁针。

将织片的反面相对合拢，锁针挑1根的方法。

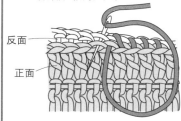

反面
正面

将织片的正面相对合拢，锁针挑2根的方法。

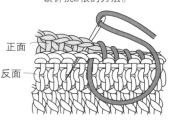

正面
反面

短针订缝

用钩针挑起上面的锁针，进行短针编织。

将织片的反面相对合拢，锁针挑1根的方法。

① 反面　正面

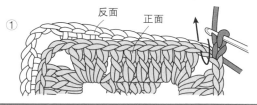

②

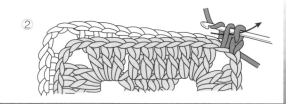

换色方法和最后处理方法

A条形花样的换线方法
不切断编织线，先留在一边，在下次配色时渡线编织。

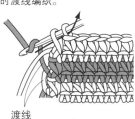

渡线

毛线最后的处理方法
作品完成后，把线头穿过缝针，钻入织片的里面。

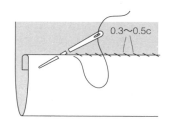

在织片中途换线的方法
在即将完成换线的针眼时，换成新的线。

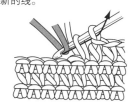

在织片边上的换线方法
在换线前一行的最后一针即将完成的时候换线。

毛线末梢不要打结，每根留下约8cm，编织完毕后即可。

往里卷缝

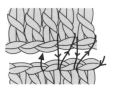

0.3～0.5c

扣针脚倒缝

往前推进针眼长度的2倍

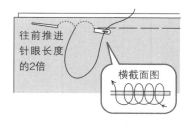

横截面图